支持 QoS 的交换技术研究

李秀芹　著

中国水利水电出版社
www.waterpub.com.cn

内 容 提 要

本书从交换结构和调度算法两方面介绍了交换技术的 QoS 保障机制和性能评价模型。主要内容包括：绪论、支持 QoS 的交换结构及调度算法分析、基于标识支持区分QoS 的 CICQ 调度机制研究、基于标识支持区分 QoS 的 PPS 解决方案 PSVIOQ-CICQ、基于标识支持区分 QoS 的 PPS 解决方案 PSCICQ、支持 QoS 的多级交换结构研究、基于效用函数支持 QoS 的交换结构性能评价模型、MPLS 协议在新一代网络交换路由应用中的研究。

本书可供计算机、网络工程、通信工程等相关专业的科研人员、工程技术人员和高等学校师生参考。

图书在版编目（ＣＩＰ）数据

支持QoS的交换技术研究 / 李秀芹著. -- 北京 ： 中国水利水电出版社，2014.9（2022.9重印）
　　ISBN 978-7-5170-2388-3

Ⅰ．①支… Ⅱ．①李… Ⅲ．①通信交换 Ⅳ.①TN91

中国版本图书馆CIP数据核字(2014)第199677号

策划编辑：向　辉　责任编辑：宋俊娥　加工编辑：孙　丹　封面设计：李　佳

书　　　名	支持 QoS 的交换技术研究
作　　　者	李秀芹　著
出版发行	中国水利水电出版社 （北京市海淀区玉渊潭南路 1 号 D 座　100038） 网址：www.waterpub.com.cn E-mail：mchannel@263.net（万水） 　　　　sales@mwr.gov.cn 电话：(010)68545888(营销中心)、82562819（万水）
经　　　售	北京科水图书销售有限公司 电话:(010)63202643、68545874 全国各地新华书店和相关出版物销售网点
排　　　版	北京万水电子信息有限公司
印　　　刷	天津光之彩印刷有限公司
规　　　格	170mm×227mm　16 开本　13.75 印张　210 千字
版　　　次	2015年1月第1版　2022年9月第2次印刷
定　　　价	48.00 元

凡购买我社图书，如有缺页、倒页、脱页的，本社发行部负责调换

前　　言

随着信息网络多媒体业务的兴起，路由交换设备交换结构对服务质量支持的问题再次受到关注，如何实现具有 QoS 保证的交换技术也得到了学术界和产业界的广泛重视。随着不同应用的增加，将来的交换结构必须能够考虑到对更加丰富的 QoS 保证的支持。现有信息网络的原始设计思想基本上是"一种网络支撑一种主要服务"的解耦模式，在此基础上的演进与发展难以突破原始设计思想的局限，无法满足网络及服务的多样性需求。

"一体化网络"将多种网络设计成一种网络。通过三次解析映射，将标识理论贯穿了从服务层到网通层的整个网络体系架构，可以把不同业务类型通过映射关系反映到网通层。课题研究依托国家 973 计划信息技术领域子课题《一体化网络体系结构模型及交换路由理论与技术》，为了更好地应对交换技术所面临的严峻挑战，对一体化网络体系下新型的交换机理、原理与关键技术展开研究，研究内容具有重要的理论意义和实用价值。

针对路由交换设备对于交换技术的 QoS 需求，本文首次将标识的概念引入交换结构，提出了基于标识的交换技术，给出了适合一体化网络基于标识支持 QoS 的交换技术应具有的特征；基于 CICQ 交换结构设计出支持区分服务的 DS-CICQ 交换结构，在不同类业务和不同输出端口，采用基于标识支持区分 QoS 的分布式动态双轮询 ID-DDRR 调度算法，调度复杂度大大降低；在对主流 PPS 交换技术现状分析的基础上，针对并行交换中的保序和区分 QoS 问题，提出一种新型的 PSVIOQ-CICQ 解决方案；设计出一种新型的 PPS 体系结构 PSCICQ，基于 PSCICQ 体系结构，提出一种基于标识支持区分 QoS 的 PPS 调度机制，证明了 PSCICQ 体系结构能够保证业务信元的传输顺序；在汇聚模块设置少量缓存，采用双指针轮询算法 DPRR 实现区分 QoS 保障，保证了交换对高层不同业务类的有效支持；在分析研究三级 Clos 网交换结构和调度算法的基础上，提出了一种支持 QoS 的三级 Clos 分布式交换结构，并基于该结构提出了 DHIRRM 调度算法，使该交换结构的设计能提供优良的 QoS 策略。针对交换结构性能评价问题，提出基于效用函数支持 QoS 的交换结构性能评价模型；最后，将一体化网络的重要思想引入到 MPLS 网络，研究了 MPLS 协议在新一代网络交换路由的应用，提出了基于一体化 MPLS 网络架构的协调数据流抢占机制。

基于标识和带缓存交叉开关交换单元研究了交换技术的 QoS 保障问题，研究内容属于宽带信息网络学科前沿，研究成果避免交换结构及实现机制方面缺乏 QoS 保证的缺陷，能够满足不同业务对 QoS 的需求，实现网络一体化并为用户提供普适服务，有望对新一代信息网络特别是交换技术的发展与应用起到促进作用。

本书将作者近几年在一体化网络下支持 QoS 交换技术方面研究中取得的成果进行归纳、总结。内容主要取材于作者在各种期刊和国际会议上公开发表的论文，同时融入国内外学者在该领域取得的优秀研究成果，力求全面、系统地概括国内外最新研究成果，反映发展动态。但难免会存在一些不足之处，欢迎专家及同行多提宝贵意见。

作者

2014 年 8 月

目　　录

第一章   绪论

本章介绍了课题的研究背景和面临的挑战，讨论了课题研究的目的和意义，分析了一体化网络中的交换与路由，最后给出了所做的主要工作。

1.1   引言

1.1.1   研究背景

随着科学技术的发展，信息已成为当今推动社会向前发展的巨大动力。信息网络在各国经济与社会发展中起着重要作用。随着网络的传输技术、交换技术和应用技术的蓬勃发展，互联网正成为全球范围的信息资源、存储资源以及计算资源共享的信息基础平台，并成为影响世界经济发展模式、推动生产力进步的巨大动力。路由交换设备则是这一全球信息平台的基础设施，因此它一直是网络发展和演进中的重中之重，路由交换设备的技术水平在很大程度上决定了网络的发展水平。而路由交换设备中所采用的交换技术直接影响着吞吐率、数据包时延以及交换容量等关键性能指标，因此交换技术一直是学术界研究的重点和热点问题，很多重要学术成果已经在实际路由交换设备中得到了应用。新一代网络正朝着传输高速化、接入宽带化和应用多样化方向发展，对交换技术提出了新的挑战。具体来说，现有的交换技术面临的挑战主要表现在以下两个方面：

首先，网络规模的扩大和链路传输速率的提高，要求交换设备能够支持高速率大容量交换。根据中国互联网络信息中心（CNNIC）发布的《第 27 次中国互联网络发展状况统计报告》[1]，中国总网民人数和宽带网民数与比例增长趋势图如图 1-1 所示。截至 2010 年 12 月 30 日，中国网民规模达到 4.57 亿人，网民规模较 2009 年年底增长 7330 万人，年增长率为 19.1%，宽带网民规模达到 4.5 亿人，较 2009 年增长 1.03 亿人，年增长率为 30%。

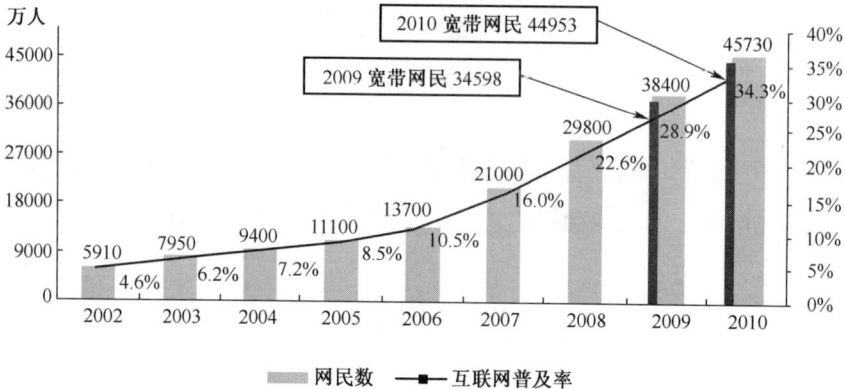

图 1-1

图 1-1　中国网民规模与普及率

　　无论是网民的增加还是网络规模的扩大，都导致网络所承载的信息量不断提高，这就要求交换设备能够提供大容量交换能力。在网络规模扩大的过程中，连接交换节点和交换节点之间的链路速率也在不断提高。WDM 和 DWDM 等光纤传输技术近年来取得了突破性进展；在一根光纤中复用大量的传输通道，而每个通道可以工作于 OC-48（2.5Gb/s）、OC-192（10Gb/s）甚至 OC-768（40Gb/s）；目前 DWDM 最多能够复用 128 种颜色[2]，在单个通道工作于 OC-768（40Gb/s）的情况下，一根光纤最高能够支持 5Tb/s 的传输速率。虽然硅晶体技术已经取得了快速的进步，但光传输数据率和电子交换设备所能处理的数据率之间的差距仍然在不断扩大，而且在可以预期的将来，传统 CMOS 技术的物理极限将会出现。在这种情况下，交换节点就成为制约网络数据传输的一个瓶颈，造成链路传输带宽的浪费。纯光交换可以很好地解决这个问题，但是光存储等文件技术问题在短期内还无法解决，这就导致在很长一段时间内，网络的基础数据交换功能依然需要依赖于已有的光电混合交换设备。因此，基于已有的交换技术，在高速光纤链路环境下支持高速率数据交换，仍然是目前亟待研究和解决的问题。

　　并行分组交换[3]是一种提高交换速率和交换容量的有效手段。许多典型的交换系统在设计时都使用了这一方法，并行分布式处理机制对提升路由交换设备的交换容量十分有益,克服了电子器件工艺水平的瓶颈限制,弥补了单平面交换结构的先天不足。但是即便采用并行分布式处理机制构建大容量交换结构,单平面交换结构的研制也依然十分关键。单平面交换结构的性能很大程度上决定了并行分组交换结构的性能,而且过多交换平面的并行处理机制不仅浪费硬件资源,同时导致交换结构的控制管理和流量分配机制过于复杂,甚至无法实现。因此研究具有良好可扩展性的交换技术是研制能够支持更高的端口速率和提供更大交换容量的路由交换设备的客观需要。

其次,网络应用日益丰富多样化,要求交换设备由原先的"尽力而为"的服务方式转变为能够提供服务质量保障的交换。随着三网合一进程的演进以及Everything over IP 思想的提出,互联网需要并正在承载各种不同的业务,这就要求原先的为单纯数据传输提供"尽力而为"服务的 IP 网络演变为可以为综合业务(文本、语音、图像、流媒体等)提供具有 QoS 保障服务的高性能网络。伴随实时多媒体应用和技术的飞速发展,网络上多媒体信息和实时任务的数量与日俱增。根据 CNNIC 发布的第 27 次中国互联网络发展状况统计报告,表 1-1 给出了我国网民各类主要网络应用的使用情况。截至 2010 年 12 月,网络应用使用率排名前三甲的仍然是搜索引擎(81.9%)、网络音乐(79.2%)和网络新闻(77.2%),搜索引擎使用率首次超过了网络音乐,成为我国网民规模最庞大的应用。但从发展速度上看,商务类应用用户规模继续领涨。网络购物用户年增长 48.6%,是用户增长最快的应用,网上支付和网上银行全年增长也分别达到了 45.8% 和 48.2%。此外,微博和团购的用户数已初具规模。在网络应用日益丰富和多样化的过程中,人们逐渐意识到传统的网络交换性能指标并不能保障各种应用获得最佳的用户体验。在这种情况下,就需要为不同种类的应用提供不同种类的性能,即服务质量保证。例如语音聊天应用需要较低的时延性能,而文件传输类应用则需要较低的丢包率,甚至不允许丢包。交换结构和调度算法作为交换设备的两个主要部分,直接影响了网络的吞吐率、时延等性能。在网络发生拥塞和资源争用的情况下,交换结构和调度算法的设计对语音和视频业务的质量起到决定性的作用。因此,研究具有 QoS 保障能力的交换技术是实现具有 QoS 保障的高性能网络的必然要求,也成为了新一代网络发展的必然要求。

表 1-1   各类网络应用使用状况及用户增长

类型	应用	2010 年使用率	2009 年使用率	用户增长率	使用率排名	增长率排名
信息获取	搜索引擎	81.9% ↑	73.3%	33.1%	1	5
网络娱乐	网络音乐	79.2% ↓	83.5%	12.9%	2	16
信息获取	网络新闻	77.2% ↓	80.1%	14.7%	3	14
交流沟通	即时通信	77.1% ↑	70.9%	29.5%	4	7
网络娱乐	网络游戏	66.5% ↓	68.9%	15.0%	5	13
交流沟通	博客应用	64.4% ↑	57.7%	33.0%	6	6
网络娱乐	网络视频	62.1% ↓	62.6%	18.1%	7	12
交流沟通	电子邮件	54.6% ↓	56.8%	14.6%	8	15
交流沟通	社交网站	51.4% ↑	45.8%	33.7%	9	4
网络娱乐	网络文学	42.6% ↑	42.3%	19.8%	10	10
商务交易	网络购物	35.1% ↑	28.1%	48.6%	11	1
交流沟通	论坛/BBS	32.4% ↑	30.5%	26.6%	12	8
商务交易	网上银行	30.5% ↑	24.5%	48.2%	13	2
商务交易	网上支付	30.0% ↑	24.5%	45.9%	14	3
商务交易	网络炒股	15.5% ↑	14.8%	24.8%	15	9
交流沟通	微博客	13.8%	—	—	16	—
商务交易	旅行预订	7.9% →	7.9%	19.5%	17	11
商务交易	团购	4.10%	—	—	18	—

因此，随着我国信息化进程的不断发展，互联网所承载的业务无论是规模还是类别都在迅速增长，发生了深刻的变化，特别是多媒体、商务交易等业务在互联网上的应用快速膨胀，使得互联网在数据传输方面面临两大挑战性问题，要求交换设备：提供大的交换容量和对多种网络业务提供良好的 QoS 保障。而随着并行交换及多级交换等技术的发展，吞吐量最大化的重要性要低于对 QoS 等的保证。尤其是站在服务提供商 ISP 的角度，吞吐量的最大化并不意味着收益的最大化，而在用户的角度，吞吐量的最大化也不能保证自己关键性业务的 QoS，目前国内外的交换技术均朝着提高吞吐量的同时有效地保证 QoS 的方向发展[4]。

1.1.2　研究目的意义

"十一五"期间和国家中长期发展规划都将新一代信息网络关键技术与服务作为优先发展领域。

现有信息网络的原始设计思想基本上是一种网络支撑一种主要服务，在此基础上的演进与发展难以突破原始设计思想的局限，无法满足网络及服务的多样性需求。例如电信网当初是面向语音业务传输设计的，它能够提供对称话务质量，但是其以电路交换为基础的通信机制决定了其网络效率低下，同时，电信网带宽受限，导致其难以适应宽带流媒体业务等的需要。互联网当初是面向数据业务传输设计的，遵从 TCP/IP 的四层体系结构（包括子网层、网络层、传输层、应用层），采用面向无连接的分组交换技术传输数据，并提供"尽力而为"的服务。

现有信息网络由于原创模式的局限，存在着诸多难以解决的问题，而当前关于新一代信息网络的研究还没有形成完整的体系，缺乏基础理论的原创性创新，因此迫切需要突破原有网络的局限，设计全新的网络体系结构，创建出兼有各家之长又能适应长远应用需求的一体化网络，解决现有信息网络在服务扩展、可信性（安全性、可靠性、可控性、可管性）以及移动性等方面存在的问题。

国内外为解决这些问题，很多机构正在研究下一代网络[5-9]，如 NewArch 计划及美国国家科学基金委员会（NSF）的 GENI、FIND 等项目都投入了大量精力开展新一代信息网络基础理论研究。NewArch 计划提出了一种抽象的网络体系结构模型 FARA[10]仍然沿用了现有互联网技术，仅在应用层进行了功能性验证；GENI 和 FIND 项目还处于起步阶段，虽然基本确定了研究方向[5]并取得了少量初步成果[11]，但还缺乏实质性的进展，至今尚未形成一个较为清晰和成熟的思路。文献[12-15]则分别从业务拓展、通信方式和质量控制等几个方向对新一代信息网络提出一些初步的设计目标。"一体化可信网络与普适服务体系基础研究"是由北京交通大学主持的国家 973 重大科研项目[16-18]。该科研项目提出了一体化可信网络与普适服务的概念，力图在一种网络上支持多种服务，并解决可信、移动、传感网络接入等问题。

一体化网络的基本思想是将网络划分为接入层和核心层，然后在此基础上提出分离映射机制，原理就是接入层使用接入标识，核心层使用交换路由标识。这样就实现了接入标识用来表示终端的身份信息，不再携带地址信息，交换路由标识仅仅用来在核心网中的路由数据包使用，不包含终端的其他信息。这种设计方案很好地解决了网络可信性、移动性等方面的问题。

973 课题中提出了广义交换路由理论、标识分离映射机制，并以此为核心创建了一体化网络模型与理论，以解决多种网络一体化问题。从业务层面上讲，可以承载各种不同类型的业务，即普适服务，包括互联网业务、电信网业务以及未来可能出现的新型信息业务。

通过三次解析映射（从服务标识到连接标识的解析映射，从连接标识到接入标识的解析映射、从接入标识到交换路由标识的解析映射），将标识理论贯穿从服务层到网通层的整个网络体系架构；而 MPLS 只是一个 2.5 层交换技术，MPLS 标识只能用于 2.5 层数据包交换。由此可见，我们可以把不同业务类型通过映射关系反映到网通层，从而为我们研究基于一体化网络支持多业务类 QoS 的交换技术提供了有力的依据。

根据 973 项目总任务书的要求，子课题 2 主要研究支持普适服务的一体化网络体系结构模型及交换路由理论与技术，主要包括以下两个方面：

- 支持普适服务的一体化网络体系结构机理与模型；
- 一体化网络中的交换与路由理论（主要包括骨干路由器的核心结构、如何支持普适服务 QoS 保证、动态路由协议）。

当前，Internet 是由一些数目相对较少的高速骨干网络连接很多小网络组成的。骨干网络的链路速率基本上是以 30%的增长速率递增。这表明，传输线路已经不是解决网络拥塞的瓶颈。所以，设计高性能的核心路由器是提高 Internet 整体性能的关键所在[19-21]。这就对交换结构和调度算法的配合及路由处理能力提出了更高的要求。随着不同应用的增加，将来的交换结构也必须能够考虑到对更加丰富的 QoS 保证的支持。因此，受 973 子课题"一体化网络体系结构模型及交换路由理论与技术"的支持，本文将对这些问题展开研究。

"一体化网络体系结构模型及交换路由理论与技术"（No.2007CB307102）课题的主要研究内容之一就是在一体化信息网络体系结构下，研究新型交换机理、原理和关键技术，解决普适地承载不同服务内涵的数据报文大规模交换问题。本文是在我校承担的该课题中研究新型交换技术，核心思想是把标识的概念引入交换结构，研究基于标识支持 QoS 的交换技术，以满足不同服务的需求。

普适服务是一体化网络的一个主要特征。所谓普适服务，就是指网络能够适应个性化、多元化应用的要求，对现在及未来可能出现的各种应用提供普适性服务，其中，QoS 保证是实现普适服务的关键，服务质量 QoS 从用户层面看，是服务性能的总效果，该效果决定了一个用户对服务的满意程度，体现的是用户对服务者所提供的一种服务水平的度量和评价[22]。IETF 从技术角度将网络 QoS 明确定义为用带宽、分组时延、抖动和丢失率等描述的分组传输的质量。

本文通过交换结构、调度机制等方面取得实质性创新，突破交换结构及实现机制方面缺乏 QoS 保证的缺陷，实现对各种现有以及以后可能出现的未知业务提供更好的 QoS 保证。因此研究新型的基于标识支持区分 QoS 交换技术不仅有利于充分利用现有网络资源、提供更好的网络服务和节约网络建设成本，而且可大大提升国产路由交换设备的性能和市场竞争力，对于加强我国核心骨干网建设都有重要的战略意义。

1.2　一体化网络研究

973 项目"一体化可信网络与普适服务体系基础研究"提出"一体化网络"。通过三次解析映射，将标识理论贯穿到从服务层到网通层的整个网络体系架构，可以把不同业务类型通过映射关系反映到网通层，从而为我们研究基于一体化网络支持 QoS 粒度的交换技术提供了有力依据。下面着重介绍一体化网络的总体框架、工作原理及一体化网络交换结构对 QoS 的支持。

1.2.1　一体化网络体系结构

一体化网络中提出了接入标识、交换路由标识及其解析映射理论，由"网通层"和"服务层"两层次组成。"网通层"完成网络一体化，"服务层"实现服务普适化。这两层模型结合在一起，构成了一体化网络与普适服务体系的基础理论框架。图 1-2 为一体化网络体系结构模型。

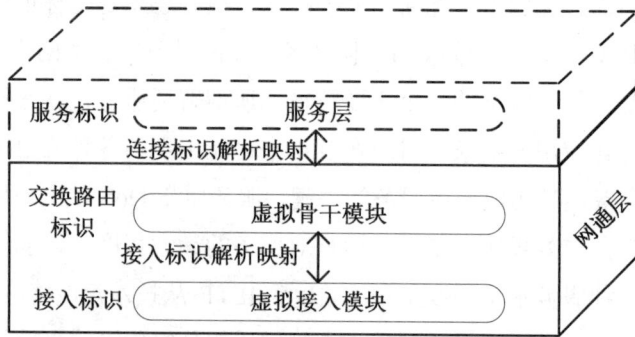

图 1-2   一体化网络体系结构模型

一体化网络实际上是一个全新的"标识分组网络"(以标识管理；以分组传输)，包括交换路由层和普适服务层两个大的部分。

"标识分组"的设计思路是将目前的多种信息网络、多种服务模式通过"标识化"统一管理，抽象为一种一体化网络与普适服务的体系结构，再基于"分组"的形式进行传输。

一体化网络中的三次映射，严格说应该是四次映射，如图 1-3 所示。

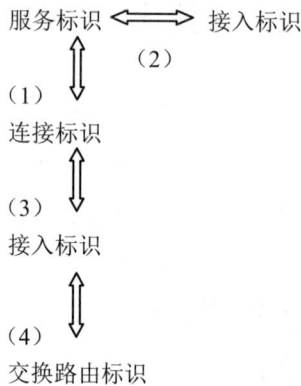

图 1-3   一体化网络中的四次映射

● 服务层

服务层又分为虚拟服务子层与虚拟连接子层，和服务标识解析映射与连接标识解析映射，以实现对各种业务的统一控制和管理等。虚拟服务子层引入服务标识来描述和表示多种业务的服务；虚拟连接子层为每个业务提供多种连接。服务标识解析映射将服务对象映射到多个服务连接，以支持多种业务；连接标识解析映射将服务连接映射到网通层的多个连接，体现了一次服务可对应多个连接、多种路径选择的思想，从而使服务的实现更加可靠。

在服务层，各种不同的业务映射成服务标识符，然后根据服务标识解析映射将服务标识符映射为连接标识，连接标识根据连接标识解析映射理论映射到网通层，实现广义交换路由。

● 网通层

"网通层"又分为虚拟接入子层和虚拟骨干子层，采用基于接入标识 AID 与交换路由标识 RID 分离映射机制的通信方案，为语音、数据、图像等服务提供一个一体化的通信平台，从而达到有效支持普适服务（即多种服务）的目的。其核心思想是在一体化网络上分出接入层和核心层，接入层使用接入标识，核心层使用交换路由标识，在接入交换路由器上实现接入标识和交换路由标识的分离映射。

虚拟接入子层引入了接入标识 AID 作为终端接入的身份标识，实现多元化接入。虚拟骨干子层引入了交换路由标识 RID，用于虚拟骨干子层的广义交换路由和寻路。接入标识解析映射理论则是将多个 RID 映射到多个接入标识，实现 RID 与 AID 的分离聚合。

网通层设计需求：

➢ 支持普适服务——具有支持多种不同类型业务传输的能力；
➢ 安全性和可靠性——不弱于电信网的安全性；
➢ 控制与管理——网络配置、升级、监控、诊断、修复；
➢ 支持新的网络技术——移动节点、移动网络、传感器网络。

一体化网络理论的研究目标：

➢ 在一个可信的一体化网络平台上，提供多元化的网络和终端接入；
➢ 保证信息交互的可信性、移动性和传感性；
➢ 有提供普适服务的能力。

主要功能实体：

一体化网络中必须添加一些功能实体，正是在这些实体的协同工作下，才完成了一体化下的通信过程。图 1-4 为一体化网络体系结构图。

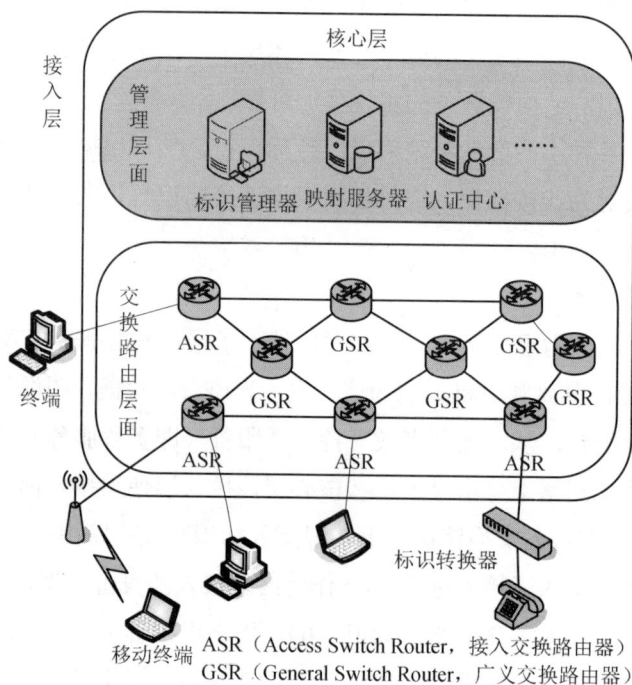

图 1-4　一体化网络体系结构图

● 映射服务器

映射服务器的主要功能是维护管理整个一体化网络中所有接入标识与交换路由标识的映射关系，整个一体化网络通信是建立在该映射关系基础之上的。当用户终端接入到网络上时，接入交换路由器（ASR）会首先检查自己的数据表，看是否存在该接入标识的映射关系，如果存在即可建立通信过程；如果不存在，则会到映射服务器中查询。如果映射服务器中存在该映射对应关系，则会返回给ASR，并顺利进行网络通信。如果映射服务器中不存在该接入标识的对应映射关系，则说明该接入标识对应的终端没有接入到一体化网络中，因此它将无法与其他终端建立通信过程。

● 标识管理器

用于管理网络中的接入标识池和交换路由标识池；接入标识池用于存储未用的接入标识，交换路由标识池用于存储未用的交换路由标识。

● 认证中心

认证中心存储了已注册终端的身份信息，包括用户所属类别及要求享有的服务等级等信息，当接入交换路由器接收到终端的接入请求时，将会建立与认证中心的通信，以查询该请求是否为合法接入用户，当为合法用户时，终端会通知接入交换路由器允许该终端的接入，否则将会通知接入交换路由器拒绝该终端的接入。

● 广义交换路由器

广义交换路由器 GSR 主要负责一体化网络中的数据包转发工作，不用处理分配接入标识与交换路由标识的分离工作，同样不用进行设定服务等级等。因此它必须位于核心层中，并不能直接处理用户发送出的信息。

● 接入交换路由器

接入交换路由器 ASR 主要负责各种终端包括各级子网与一体化网络的接入工作，接入交换路由器主要为接入的用户分配路由交换标识，并处理接入标识与路由交换标识的映射关系，同时完成数据包的地址替换工作。

凡是处于接入路由器接入端口一侧的网络都属于接入子网，而处于接入路由器骨干网络接口一侧的网络都属于骨干网，因此接入交换路由器是接入网与骨干网的分界线。在接入交换路由器中主要保存两种映射表：源标识映射表和目的标识映射表。源标识映射表保存本地接入标识与本地路由交换标识的映射关系。

接入路由器还包括接入请求确认单元、标识分配单元、标识替换单元和数据转发单元。接入请求确认单元用于接收用户的接入请求，并确认是否接受用户的接入请求；标识分配单元用于为接入网络核心层的用户分配接入标识和交换路由标识；标识替换单元用于将所述用户的接入标识和交换路由标识进行替换；数据转发单元用于转发标识替换后的数据包，其关系如图 1-5 所示。

● 终端

终端是通信过程的发起者或接收者。用户终端上存有自身的接入标识，该信息是公开的，如果知道另一个终端的接入标识，即可建立与它的通信过程，终端不参与核心层的具体数据转发工作。由于终端的接入标识固定不变，因此无论在何处接入一体化网络，只需到认证中心进行认证工作，并有接入交换路由器为其分配接入标号与路由交换标识的映射关系后，即可实现网络通信。

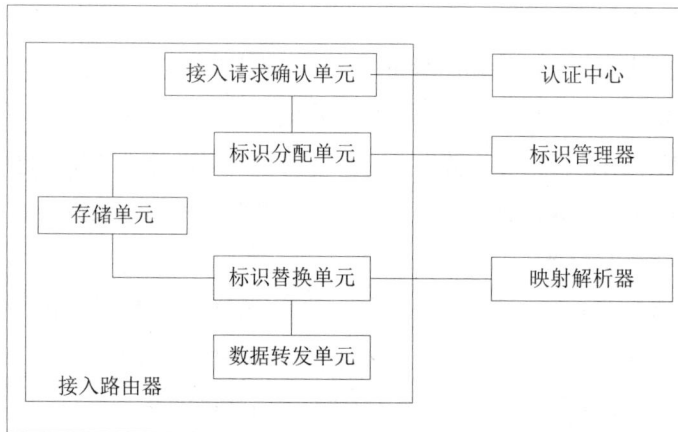

图 1-5　接入路由器各功能单元关系示意图

1.2.2　一体化网络中的交换与路由

随着信息网络技术的飞速发展及人们对通信需求的日益增长，网络服务如雨后春笋般不断涌现，未来的互联网一定要满足日益增长的、各种各样的多媒体业务的服务质量要求；现有信息网络原始设计思想基本上是一种网络支撑一种主要服务的模式，"多种网络支持多种服务"导致基础设施重复建设，也无法满足网络及服务的多样性需求。一体化网络正是在这种情况下提出了"一种网络支持多种服务"的新网络体系。接入网支持"多业务"，其核心是识别不同业务类型；核心网专注于确保 QoS 的交换路由结构。

一体化网络普适服务的目标是满足业务对网络的个性化数据传送要求；一体化网络的服务层目标是对业务个性化数据传送要求的充分表达；一体化网络的网通层则根据清晰表达的业务个性化数据传送要求，在边缘提供针对细粒度流量、有质量的传送，在骨干提供针对粗粒度流量、有质量的传送。

图 1-6 和图 1-7 分别为网通层基本功能和细化功能结构图。其中基于标识的广义转发与交换为本文的研究内容。

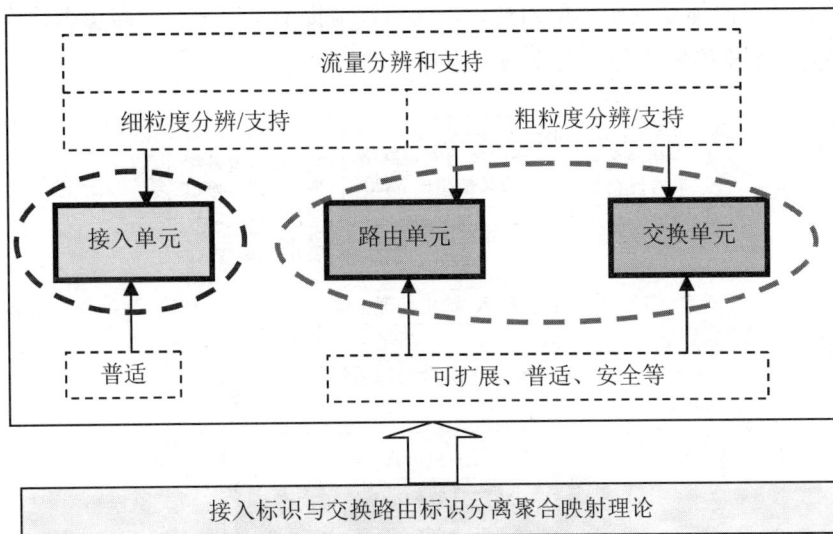

图 1-6　网通层基本功能结构图

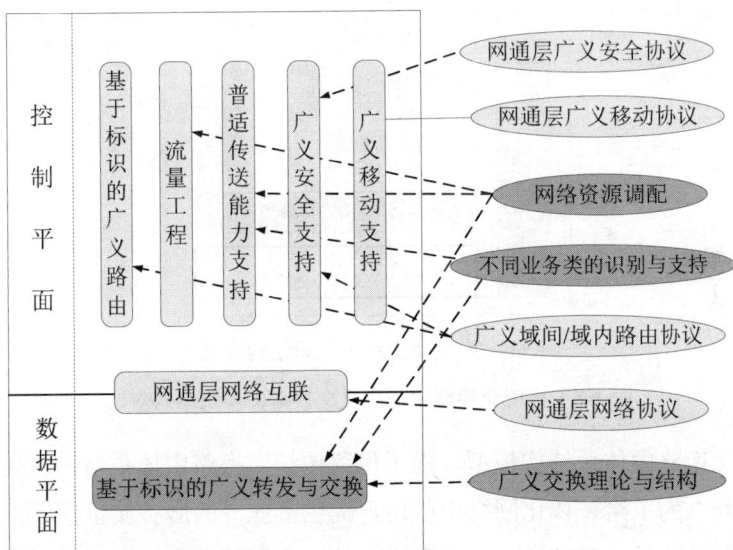

图 1-7　网通层细化功能结构图

● 一体化网络交换路由理论与机制

根据一体化网络的体系结构模型,并遵循标识解析映射理论的原创设计思路,以传统交换路由体系结构模型为基础，创造性地提出了广义交换路由理论模型，图 1-8 为传统交换路由与广义交换路由体系结构对比。

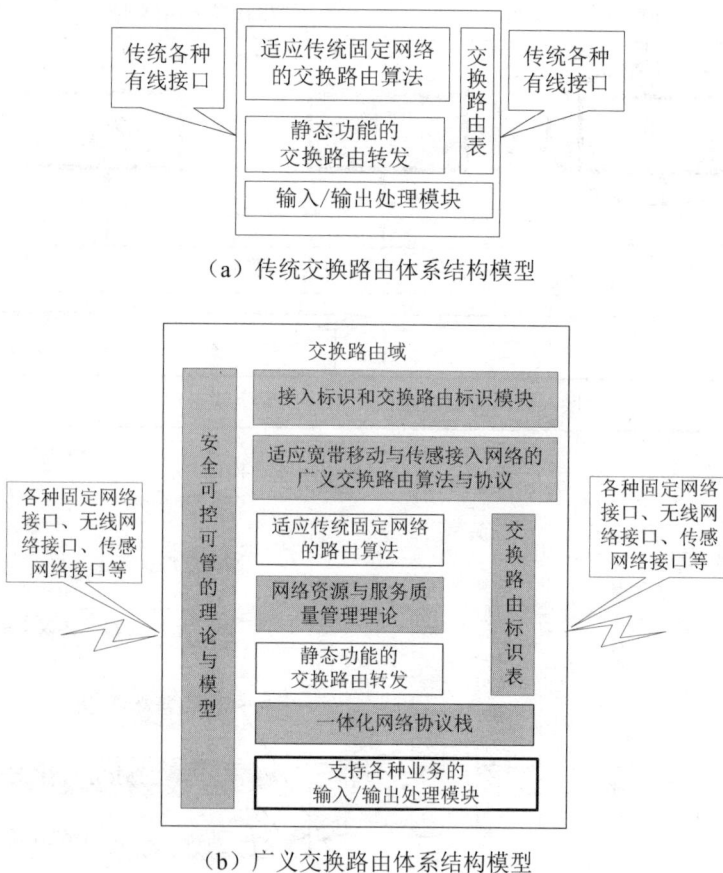

（a）传统交换路由体系结构模型

（b）广义交换路由体系结构模型

图 1-8　传统交换路由与广义交换路由体系结构对比

广义交换路由体系结构模型，除了保留传统交换路由体系结构模型原有的关键模块之外，为了给一体化网络中的用户提供多业务的服务质量保证，引入了网络资源与服务质量管理理论，完成了合理的网络资源调度，实现了网络实时流量工程能力；为了一体化网络能够接入各种移动和传感网络与终端，在保留了传统的各种有线接口之外，又新引入了各种无线网络接口和传感网络接口，提供了多元化的网络和终端接入能力。图 1-9 为细化的网通层广义交换路由框架。

虚拟骨干层网络：具有粗粒度普适传送能力

广义域间路由：基于标识、可扩展、拓扑变化快速反应、内在安全

广义域内路由：基于标识、快速自愈

网络资源管控：标识驱动、业务动态感知识别

广义交换理论与结构：基于标识、支持普适服务、可扩展

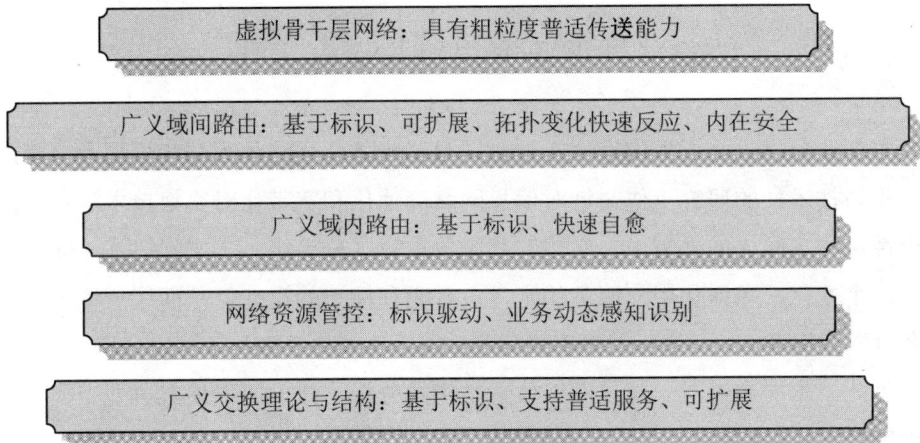

图 1-9 广义交换路由框架

● 网通层研究问题分析

通过上面的分析研究，我们得出网络层要研究的问题内容，具体问题界定如图 1-10 所示。其中黑体部分为本文的主要研究内容，后续章节的研究将围绕此图进行。

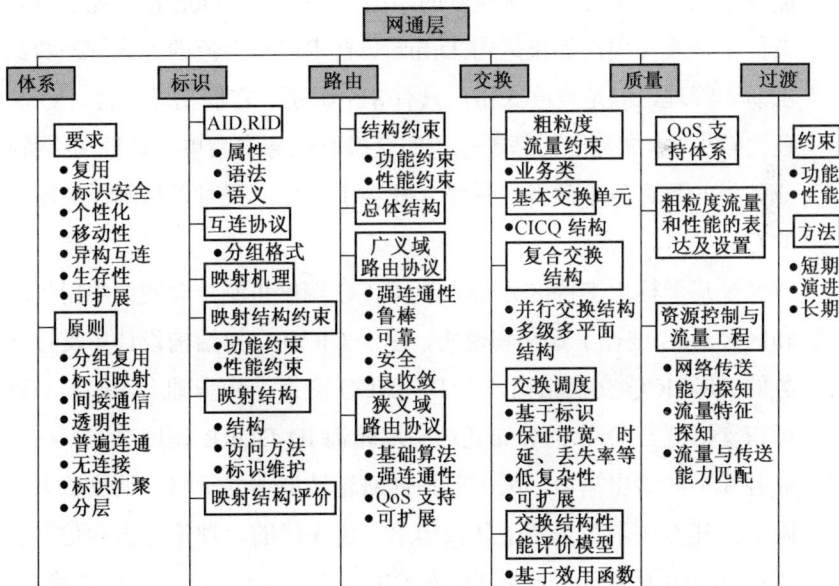

图 1-10 网通层研究问题分析

1.3 课题研究思路与研究工作

本文结合"十一五"国家 973 计划项目《一体化网络体系结构模型及交换路由理论与技术》的研究工作，针对信息网络高速化和宽带化对交换技术满足用户的个性化和多样化的新需求，必须对其服务重新区分等级。本文阐述了一体化网络下，个性化、多样化用户服务的定义、分类和标识的设计，从而统一标识和处理各种网络服务。

为此，本文通过对一体化网络体系结构的分析，深入研究现有典型交换结构和调度算法对支持 QoS 的不足，将标识的概念引入交换结构，提出基于标识的交换技术。

具体而言，本文主要研究工作体现在以下几个方面：

- 对传统的典型交换技术进行了分析和评述。传统的交换模式基本上都是基于每流调度的。由于在穿过路由器的网络流量中同时并存的数据流可能多达上百万个，数据流粒度的路由、交换以及 QoS 控制在现有的硬件条件下极难实现，如果采用 Diffserv 技术以聚合流的方式管理数据流，虽易于管理，但是粒度太粗，只有 8 个级别。它们相对而言对 QoS 的保证比较少。本文提出的基于标识的交换以业务类为单位管理网络数据流。业务类的数目基本数百个量级，既易于管理，又可以精确反映不同业务的 QoS 需求。

- 研究了基于标识支持区分 QoS 的 CICQ 调度机制。对通信中用到的标识和区分 QoS 进行了定义和说明，基于 CICQ 交换结构设计出支持区分服务的 DS-CICQ 交换结构，在 DS-CICQ 交换结构基础上，提出一种基于标识支持区分 QoS 的分布式动态双轮询 ID-DDRR 调度算法。在不同类业务和不同输出端口，采用双指针双轮转型调度策略，调度复杂度大为降低；其份额函数是基于队长信息和优先级的。理论分析和仿真实验说明：ID-DDRR 算法是有效的，在 CICQ 交换结构下，算法能够稳定运行，为不同优先级的业务类别提供公平的、保障 QoS 的传输服务。算法不仅能有效处理不同业务类的突发数据，比较迅速地缓解网络的拥塞状况，具有良好的时延性能，而且又保持了各优先业务类的相对公平性，能够更好地支持区分服务，从而实现 QoS 保障。

- 提出了一种新型的 PSVIOQ-CICQ 解决方案。分析了主流 PPS 交换技术的研究现状，并基于联合输入交叉节点排队交换结构提出一种新型 PPS 体系结构——PSVIOQ-CICQ，采用在输出缓存引入 VIQ 队列结构的办法保证信元的传输顺序，基于此设计负载均衡器和分组整合器的调度算法，能够为不同服务需求的业务提供 QoS 支持。仿真实验结果表明，该并行系统解决方案能够对进入系统的负载进行均衡的分配，在无需内部加速的情况下能够获得 99% 以上的吞吐率，具有较好的吞吐性能，同时仿真结果中，吞吐率、负载均衡系数以及时延性能与中间交换平面数的关系表明，系统性能随着中间交换平面数目的增加未出现明显的下降，说明系统具有良好的可扩展性，该方案基本达到了设计目标的要求，能够适应未来网络环境的要求。

- 针对 PSVIOQ-CICQ 的不足，提出一种基于标识支持区分 QoS 的新型 PSCICQ 解决方案。基于联合输入交叉节点排队交换结构提出一种新型 PPS 体系结构——PSCICQ，其每一解复用器中引入 NK 个信元大小的缓存。基于 PSCICQ 体系结构，提出一种基于标识支持区分 QoS 的 PPS 调度机制。证明了 PSCICQ 体系结构能够保证业务信元的传输顺序；利用带缓存交叉开关的分布式调度特性，以业务类为单位管理网络数据流，在汇聚模块设置少量缓存采用双指针轮询算法 DPRR 实现区分 QoS 保障，保证了交换对高层不同业务类的有效支持。仿真实验表明：新型 PPS 实现方案是有效的，在满负载情况下获得高达 99% 以上的吞吐率，在过载情况下根据预定带宽分配输出链路带宽，系统确保分组具有时延的上界，能够比较均衡的将负载分配到各中间交换平面，具有较好的负载均衡度，与目前主流的 PPS 设计相比，易于硬件实现，具有较好的扩展性。

- 研究了支持 QoS 的三级 Clos 网交换结构。针对新一代网络对服务质量和交换容量提出的更高要求，在分析研究三级 Clos 网交换结构和调度算法的基础上，对三级 Clos 网交换结构进行改进，提出了一种支持 QoS 的三级 Clos 分布式交换结构，分别从输入端口和输出端口进行了设计与分析；并从算法的有效性和复杂度等方面，对提出的交换结构的可扩展性和提高交换结构的 QoS 策略作了分析；并基于此结构提出了一种基于时限优先级可预测匹配的调度算法 DHIRRM 算法，该算法使三级 Clos 网互连交换结构能够提供更好的 QoS 保证。

- 研究了基于效用函数支持 QoS 的交换结构性能评价模型。分析了业务流的效用函数研究现状，给出了业务流的时延效用函数，提出了一种新型的性能评价模型——基于时延的效用函数评价模型，并借助"效用"最大化等理论，寻找出网络资源配置的较优方案。并且将该模型进行扩展，把时延、带宽这两个与业务流本身性质和用户直观感受最密切的指标科学地结合起来，提出了双指标的评价模型，使评价更具综合性、直观性和实用性。本方案能有效利用现有网络资源为各种业务流尽可能提供更好的服务质量。

- 将一体化网络的重要思想引入到 MPLS 网络，阐述了一体化网络的基本工作原理，着重分析了交换路由标识所发挥的作用；提出了一种新的基于协调数据流的 MPLS 网络抢占机制 TPN，该机制可以在保证高优先权数据流服务质量的前提下，快速恢复网络的稳定传输；通过重新设计出口、入口及核心路由器的工作机制，实现了网络资源优化分配的任务。并基于 NS2 平台进行了扩展仿真，验证了所提出的 TPN 机制。

1.4　本章小结

全文共分八章。第一章是绪论，介绍了本文研究背景与意义，并对一体化网络中的交换与路由进行了评述，对本文研究思路和主要工作进行了概括。第二章从 QoS 角度对典型的交换结构及调度算法进行了分析，将标识的概念引入交换结构，提出了基于标识的交换，给出了适合一体化网络基于标识支持 QoS 的交换技术应具有的特征。第三章提出了一种基于标识支持区 QoS 的 CICQ 调度机制。对通信中用到的标识和区分 QoS 进行了定义和说明,基于 CICQ 分布式调度的优势,在 CICQ 交换结构基础上设计出支持区分服务的 DS-CICQ 交换结构,基于 DS-CICQ 交换结构,提出一种基于标识支持区分 QoS 的分布式动态双轮询 ID-DDRR 调度算法,并对其性能进行了理论分析和仿真验证。第四章分析了主流 PPS 交换技术的研究现状,并基于 CICQ 交换结构提出一种新型 PPS 解决方案 PSVIOQ-CICQ。该方案,采用在输出缓存引入 VIQ 队列结构的办法保证信元的传输顺序,基于此设计负载均衡器和分组整合器的调度算法,能够为不同服务需求的业务提供 QoS 支持,该方案基本达到了设计目标的要求,能够适应未来网络环境的要求。第五章针对 PSVIOQ-CICQ 解决方案的不足,提出一种 PSCICQ 解决方案,提出一种基于标识支持区分 QoS 的 PPS 调度机制。证明了 PSCICQ 体系结构能够保证业务信元的传输顺序;利用带缓存交叉开关的分布式调度特性,以业务类为单位管理网络数据流,在汇聚模块设置少量缓存采用双指针轮询算法 DPRR 实现区分 QoS 保障,保证了交换对高层不同业务类的有效支持。理论分析和仿真实验表明:文中提出的基于标识支持区分 QoS 的新型 PPS 实现方案是有效的,该系统不仅能实现保序功能,而且能对不同业务类实现区分 QoS 保障,能够比较均衡地将负载分配到各中间交换平面,具有较好的负载均衡度。第六章为了适应新一代网络对服务质量和交换容量提出的更高要求,在分析研究三级 Clos 网交换结构和调度算法的基础上,提出了一种基于 Clos 网络支持 QoS 的 DHiRRM 调度算法,该算法使三级 Clos 网互连交换结构能够提供更好的 QoS 保证。第七章研究了基于效用函数支持 QoS 的交换结构性能评价模型。将微观经济学中效用函数的思想引入到交换结构性能评价中,分析了业务流的效用函数研究现状,给出了业务流的时延效用函数,提出了一种新型的性能评价模型——基于时延的效用函数评价模型,并借助"效用"最大化等理论,寻找出网络资源配置的较优方案。并且将该模型进行扩展,把时延、带宽这两个与业务流本身性质和用户直观感受最密切的指标科学地结合起来,提出了双指标的评价模型,使评价更具综合性、直观性和实用性。第八章将一体化网络的重要思想引入到 MPLS 网络,研究了 MPLS 协议在新一代网络交换路由的应用中,提出了基于一体化 MPLS 网络架构的协调数据流抢占机制。

参考文献：

[1]   中国互联网络信息中心. 第 29 次中国互联网络发展状况统计报告[EB/OL]. 中国互联网络信息中心官方网站，2011.1.

[2]   Bigo, S., and W. Idler. Multi-Terabit/s Transmission over Alcatel Teralight Fiber[J]. Alcatel Telecommunications Review, 4th Quarter 2000, 288-296.

[3]   Iyer S, Awadallah A, McKeown N. Analysis of a packet switch with memories running slower than the line rate[C]. In Proceeding of the IEEE INFOCOM'00, Piscataway: Institute of Electrical and Electronics Engineers Inc., 529-537.

[4]   L. Shi, B. Liu, W. Li, et al. DS-PPS: A Practical Framework to Guarantee Differentiated QoS in Terabit Routers with Parallel Packet Switch[C]. IEEE INFOCOM'06, Barcelona, Spain, 2006.4:1-12.

[5]   NewArch project: future-generation Internet architecture [EB/OL]. http://www.isi.edu/newarch/.

[6]   GENI: global environment for network innovations [EB/OL]. http://www.geni.net.

[7]   FIND: future Internet network design [EB/OL]. http://find.isi.edu.

[8]   100x100 Project[EB/OL]. http://100x100network.org/.

[9]   21CNProject[EB/OL].
       http://www.btglobalservices.com/business/global/news.2005/edition_1/21CN.html.

[10]   David Clark, Robert Braden. FARA: Reorganizing the Addressing Architecture [C]. ACM SIGCOMM, Germany, 2003:313-321.

[11]   A Bavier, N Feamster, M Huang. In VINI Veritas: Realistic and Controlled Network Experimentation [C]. ACM SIGCOMM , Pisa, Italy, 2006:3-14.

[12]   B Y Zhao,L Huang, J Stribling,et al. Tapestry:a global-scale overlay for rapid service deployment[J]. IEEE Journal on Selected Areas in Communications,2004 22(1):41-53.

[13]   Hongiu Yeom,Hwasung Kim. An efficient multicast mechanism for data loss prevention[C]. The 7th International Conference on Advanced Communication Technology,Phoenix Park,Korea:IEEE,2005:497-502.

[14]   Gkantsidis C,Rodriguez P R. Network coding for large scale content distribution[C].   IEEE

Proceeding of Infocom,Miami,FL,USA,IEEE,2005:2235-2245.

[15]　David D. Clark,Craig Partridge,Robert T. Braden,et al.Making the world(of communication) a different place[J]. ACM SIGCOMM Computer Communication Review,2005 35(2):91-96.

[16]　张宏科，苏伟. 新网络体系基础研究——一体化网络与普适服务[J]. 电子学报.2007, 35(4):593-598.

[17]　张宏科等. 一体化网络的构建方法和路由装置[P]. 中国专利，申请号：200610169726.3, 2006.

[18]　郭云飞等. 一体化网络体系结构模型及交换路由理论与技术[R]. 国家重点基础研究发展计划（973 计划）项目课题申请书. 郑州：国家数字交换系统工程技术研究中心，2007-5.

[19]　H.Jonathan Chao. Next Generation Routers[J]. Proceeding of the IEEE,2002(9):1518-1558.

[20]　S.Keshav,Rosen Sharma Cornell. Issue and Trends in Router Design[J]. IEEE Communication Magazine, 2001(5):144-15l.

[21]　Bux W,Denzel ED,Engbersen T, et al. Luijten RP.Technologies and Building Blocks for Fast Packet Forwarding[J]. IEEE Communication Magazine,2001,39:70-77.

[22]　谢希仁. 计算机网络（第三版）[M]. 大连：大连理工大学出版社.

第二章 支持 QoS 的交换结构及调度算法分析

传统的交换基本都是基于每流调度的,由于在穿过路由器的网络流量中,同时并存的数据流可能多达上百万个,数据流粒度的路由、交换以及 QoS 控制在现有硬件条件下极难实现。本章从 QoS 角度,对传统典型的交换结构及其调度算法进行了分析和评述,进而提出了基于标识的交换技术,基于标识的交换以业务类为单位管理网络数据流,业务类的数目基本上数百个量级,既易于管理,又可以精确反映不同业务的 QoS 需求。后续章节基于标识的调度机制研究均是在本章提出的基于标识交换的基础上进行的。

2.1 引言

交换技术是当前通信网的重要基础,长期受到国际学术界和产业界的广泛关注,交换系统已成为各相关厂商、科研院所研究的热点。新一代路由交换设备不仅需要支持大容量,且必须具有支持 QoS 保障方面的能力,其主要研究内容为路由交换设备的交换结构及其对应的调度机制。为了提升路由交换设备的服务质量保障能力,现有技术手段主要包括以下两种[1]:

- 交换结构内部加速机制;
- 区分优先级调度机制。

目前已提出多种交换结构,如输出排队、输入排队、联合输入输出排队交换结构和联合输入交叉节点排队交换结构等。

由于交叉开关具有无阻塞特性,实现简单,并且有成熟的商用芯片可直接应用,因此无论在学术研究方面还是在设备研制方面都被广泛应用于交换结构的构建。虽然也还存在其他拓扑形态的交换单元,如二维网孔(2-D Mesh)、树(Tree)和超立方体(Hypercube)等静态拓扑结构,以及总线(Bus)、接线器和多级互连

MIN 等动态拓扑结构，但在目前的研究领域和应用领域均较少采用。一些综述性论文对现有交换结构进行了分类比较[2-3]，根据不同的分类规则，某一特定的交换结构可以属于多个不同的类别，因此并没有一种统一的分类标准。

本文按交换结构交叉点有无缓存进行分类，从 QoS 角度分别对交换结构及其对应调度机制进行评述，并在已有研究成果基础上提出了基于标识的交换技术。

2.2　典型交换结构分析

2.2.1　分组交换 Crossbar 型交换结构

分组交换结构形态各异，但抽象到模型的层面上，都由输入端口、交换单元、输出端口和调度策略（算法）四部分组成，如图 2-1 所示。Crossbar 是目前通信网络中使用较为广泛的一种交换技术。

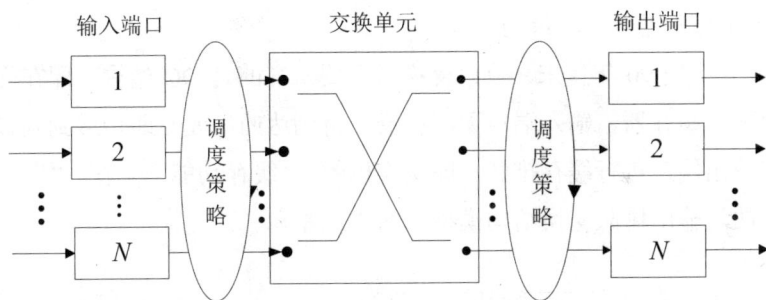

图 2-1　交换结构参考模型

Crossbar 通过配置交换矩阵，能够使任何一个输入端都与所有的输出端相连，因此在 Crossbar 内部不会出现阻塞，从而能够方便地进行数据交换。Crossbar 型交换结构通常采用高速交叉开关电路来实现，每个开关用来控制一个输入端口到一个输出端口的通道。Crossbar 可以采用输入、输出或者混合缓冲型交换结构，具有费用低、可伸缩性强和交换无阻塞等特点。因此，只要提高串行链路的速率和端口 N 的值，就可以扩展到高达 T 比特级的交换容量。当然，在实际应用中，还需要设计智能化的调度器才能充分发挥各种结构的优势。调度器的主要功能是使用特定的调度算法来合理地配置每个输入端口或输出端口对 Crossbar 的访问，并提高其利用率。调度算法的效率是制约 Crossbar 交换容量的重要因素。

Crossbar 结构通常要结合一定的缓存机制，这些缓存用来存储在交换网络（如输出端口）竞争中失败的分组。分组交换网络的交换设备都需要缓存队列暂时保存到达的分组。因此，根据缓存的位置以及分组在缓存中的排队机制不同，Crossbar 型交换结构可以分为以下两种：

- 交叉点无缓存 Crossbar 交换结构。包括输出排队（Out queued，OQ）、输入排队（input queued，IQ）和组合输入输出排队（Combined Input and Output Queued，CIOQ）。
- 交叉点带缓存 Crossbar 交换结构，即联合输入交叉点排队交换结构（Combined Input and Cross-point Queued，CICQ）。

2.2.2　交叉点无缓存 Crossbar 型交换结构

1. 输出排队 OQ 交换结构

直到 20 世纪 90 年代末，分组交换机主要研究的是 OQ 结构，即在交换机的输出端口配置缓存器，输入端口无缓存器，将到达的信元立即传送到其目的输出端口，在输出端口进行缓存排队。即交换机的 “缓存功能” 是在 “路由功能” 之后执行的。输出排队交换结构模型如图 2-2 所示。

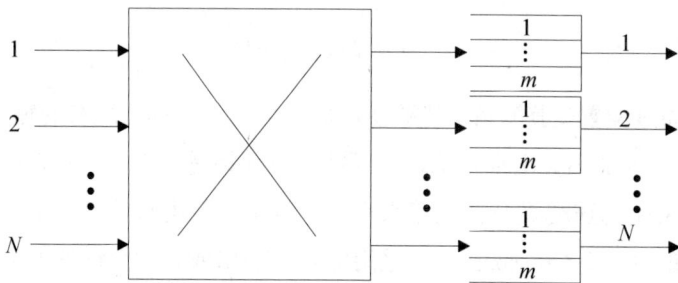

图 2-2　OQ 交换结构模型

输出排队方式的优点如下：

- 在任何流量模式下都能够获得 100%的最大吞吐量，也就是说，任何输出排队调度算法都不用考虑吞吐率的问题。
- 对于定长分组（即信元）通过交换网络的时延是固定的，输出端口可以采用灵活的调度机制，从而为各类业务提供更好的 QoS 保证。
- 无队头阻塞（Head of Line，HOL）问题。
- 能够很好地支持组播业务。

然而，OQ 交换结构也存在无法克服的不足：

- 交换矩阵和输出端口需要工作于 N 倍输入端口的链路速率[4]。对于一个 $N \times N$ 的 OQ 交换结构而言，在一个时隙内最多可能有 N 个信元去往同一个输出端口，因此，输出端口的缓存则需要 $N+1$ 倍线速（N 倍写和 1 倍读）。
- 随着链路速率的提高和交换规模的扩大，这种结构的可扩展性降低。当端口的速率达到 Gbit/s 时，现有的工艺水平实现 N 倍加速比是一个突破极限的挑战。

由此可见，OQ 交换结构的可扩展性较差，不适合用于大容量交换结构的构建。但对于端口速率和交换容量要求较低的情况，如边缘路由器中的应用，OQ 交换结构由于其在提供 QoS 保障方面的性能优势，因而仍在商用路由交换设备中广为使用，而且在研究领域常常被用作新型交换结构的性能参考。

2. 输入排队 IQ 交换结构

交换机的输入端口配置缓存器，输出端口无缓存器，到达的信元首先被保存在输入端口缓冲区中，然后由调度算法决定信元何时通过交换结构传送到输出端口，换句话说，"缓存功能"是在"路由功能"之前。输入排队交换结构模型如图 2-3 所示。

IQ 交换结构的输入缓存队列一般采用先入先出（FIFO）的排队方式。若每个输入端口仅维护一个缓存队列，当两个输入端口队头要分组去往同一个输出端口时，就会发生队头阻塞（HOL）[5]，这样，即使队列后部有去往空闲输出端口的分组也无法得到服务。这个问题将会严重降低交换机的交换容量。研究表明，当端口数较多，且在所有输出端口均匀分布的 Bernoulli 业务到达条件下，队头阻塞将导致输入排队交换结构的吞吐量仅能达到 58.6%；在非均匀分布的突发业务流条件下，吞吐量还会进一步降低[6]。

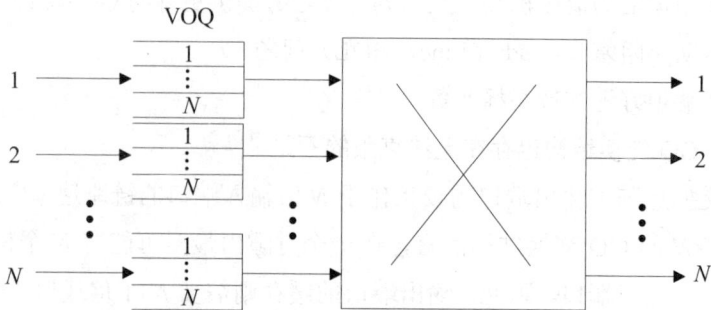

图 2-3　IQ 交换结构模型

解决队头阻塞 HOL 的办法是在输入端口上采用虚拟输出队列（Virtual Output Queue，VOQ）技术，就是在每个输入端口上为每个输出端口建立一个独立的队列，如图 2-3 所示，即每个输入端口放置 N 个缓冲区队列，分组到达每个输入端口后，将按照其输出端口分别放入相应的队列中，这样每个缓冲区队列中所有分组的目的端口一致，也就避免了队头阻塞的发生。通过使用这种技术可以使交换网络达到 100%吞吐率[7]。目前许多产品都采用基于 Crosshar 交换网络的"输入排队+VOQ"排队系统。这样，问题就转移到输入端口对 Crossbar 资源的竞争上，因此必须采用仲裁算法对输入端口占用 Crossbar 进行调度。

输入排队方式的优点是：在每个时隙中，一个输入端口最多只能有一个信元被发送，而输出端口也最多只能接收一个信元。由于发送到输出端口的信元速率和到达输入端口的信元速率相同，因此这种结构只需要达到其链路速率（即读写速率等于线路速率）即可，因而可扩展性较好，这使其在高速环境中的应用颇具优势。例如，对于线速为 10Gbit/s 的 32×32 交换机，OQ 结构要求缓存器在 1.6 ns 之内完成一次读和写的操作，而 IQ 结构则要求 51.2 ns。从结构上而言，IQ 交换结构是构建大容量交换结构十分经济的解决方案。但是，由于基于 VOQ 的 IQ 交

换结构还同时存在输入和输出竞争，其调度算法需要全局考虑交换结构所有输入
端口和输出端口的带宽使用，因此必须采用集中式的调度机制，其本质是一个双
向图的匹配求解问题。集中式的调度机制使得设计支持 QoS 的 IQ 交换机成为一
件极为困难的事。

3. 组合输入输出排队交换结构 CIOQ

CIOQ 可以看作是 IQ 和 OQ 的一种组合，这种结构在输入和输出端都需要设
置缓存区。分组到达输入端口进行排队，由输入调度算法进行调度，经交换单元
交换到输出端口再次排队，最后由输出端口输出到外部链路。由于 CIOQ 结构的
输入和输出端口都设有缓存，显然加速比 S 的值应介于 1 和 N 之间。适当的加速
将可能发生在交换单元内部拥塞的分组分别缓存于输入端缓存队列和输出端缓存
队列，既不需要很大的加速比，又便于扩展[8]，并且在一定程度上避免了由于交
换单元拥塞而引发的额外延迟，提高了交换系统的性能。其交换结构模型如图 2-4
所示。

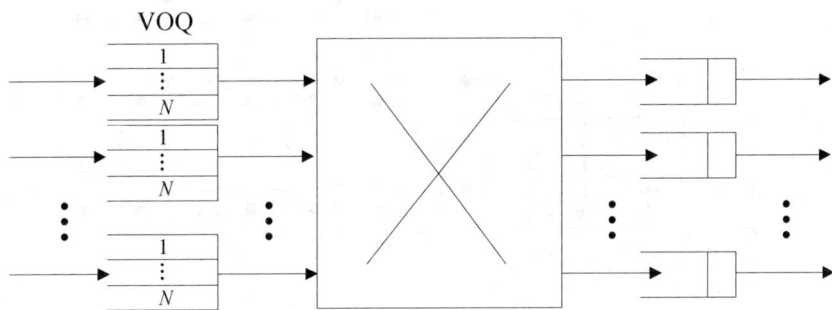

图 2-4　CIOQ 交换结构模型

CIOQ 交换结构要实现模拟 OQ 交换结构，同样需要采用集中式的匹配算法，
依然具有极高的算法复杂度，因此仅具有理论意义。目前来说，这方面的研究还
停留在理论研究阶段，要在实际中用硬件实现高速交换还要做更多的工作。

2.2.3　交叉点带缓存 Crossbar 型交换结构

近年来随着微电子技术的进步，在交换单元内部集成一定容量的缓存成为了

现实，相应的带缓存的交换单元也成为交换技术领域的研究热点。基于带缓存交叉开关构建的 CICQ 交换结构由于性能优良，更是备受关注。

交叉开关本质上属于一个需要采用集中式控制机制的交换单元，在未经充分加速的情况下（对应于 IQ 和 CIOQ），必须全局考虑所有输入端口和输出端口的匹配关系，导致调度算法的复杂度成为交换的瓶颈，也不能很好地支持 QoS；在经过充分加速的情况下（对应于 OQ），虽然可以避免集中式的控制机制，但其 N 倍加速又会在很大程度上限制交换结构的可扩展性。缓存 Crossbar（CICQ）[9-16] 的最大特点是在每个交叉点上都设置了一定数量的缓存。而 CICQ 通过在 Crossbar 交叉节点加入少量缓存，分组可以被暂存在交叉点上，而不需要立即被送到输出端口。这样就不需要集中式的调度算法，可以在输入和输出端分布式实现，降低了调度算法复杂度，也无须 N 倍加速就可以实现高速的流水线作业。

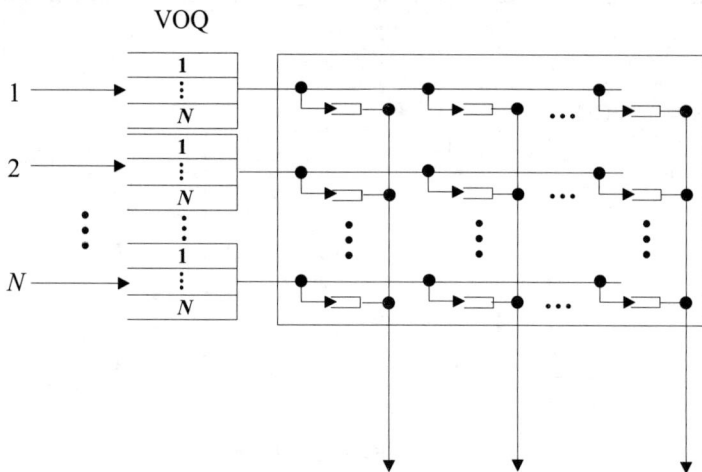

图 2-5 CICQ 交换结构模型

CICQ 交换结构模型如图 2-5 所示。CICQ 通过在每个 Crossbar 交叉点注入一定容量的缓存得到并直接带来了三方面优势：

● 分布式缓冲

在每个输入端口均采用 VOQ 的队列组织方式，以避免队头阻塞，并且在每个交叉点设置了缓冲区 XPB,结构上实现了分布式交换。由于交叉点缓存的引入，从而将整个结构从逻辑上划分为 N 个 $N \times 1$ 个和 N 个 $1 \times N$ 的子交换结构。在一个时隙内，每个交叉点缓冲区允许一次读操作和一次写操作，不需要内部加速比，具有良好的可扩展性。

● 分布式调度

为解决输入队列的竞争，每一个输入端口都设置一个调度器，以决定某一 VOQ 发送队头信元至相应交叉点缓冲区。同样，为解决输出端口的竞争问题，每个输出端口也都设有一个调度器，以决定将某个交叉点缓冲区的信元发送至输出端口。所以，CICQ 交换机共需要 $2N$ 个调度器，这 $2N$ 个调度器可以并行工作于输入与输出端口。由于每个调度器都是异步独立运行的，所以具有较小的通信开销。整个 CICQ 交换结构的调度过程被分割为两个阶段：输入调度（Input Scheduling，IS）和交叉点调度（Cross-point Scheduling，CS）。在每个时隙，每个 IS 调度器从其输入端口的 N 个 VOQ 队列中选择一个，并将队头分组调度到相应的交叉点缓存队列；每个 CS 调度器从对应的 N 个交叉点缓存队列 XPB 中选择一个，并将其队头分组调度到输出端口。因此，CICQ 能够去除输入、输出端口之间的关联性，大大降低了对匹配算法时间复杂度的要求，并且提高了系统的吞吐率。

● 整体性能的提升

完全分布式的调度方式使 CICQ 可以直接交换变长分组，不需要对分组进行分割和重组，也就不需要加速比和更多输出端口缓存。我们知道，加速比和缓存都是交换结构成本的主要因素，因此 CICQ 交换结构在降低分组交换机的成本方面具有很好的潜力。因而，从整体上而言，CICQ 交换结构对于构建大规模交换系统无疑是一种较为理想的解决方案，颇具研究前景。

2.3 支持 QoS 的调度算法分析

交换技术采用的缓存机制直接决定着调度策略和内部加速比 S 取值[17-20]，因而缓存结构的不同设置方法在很大程度上影响着交换结构的性能。根据缓存结构的不同，本文从 QoS 角度对其调度算法进行分析研究。

2.3.1 基于 OQ 结构的典型调度算法分析

研究初期，OQ 交换结构由于其系统控制简单，具有良好的吞吐量、时延和其他 QoS 性能保证[21]，受到了广泛重视。目前，几乎所有具有 QoS 保证的分组调度算法（如基于轮询的 RR、DRR[22]、WRR[23]等；基于 GPS 的 WFQ[24]、WF^{2}Q[25]、SCFQ[26]、SFQ[27]等）都是用于 OQ 交换结构的。基于 OQ 交换结构的调度算法在实现 QoS 保障方面的研究最为深入，对于研究具有 QoS 保障能力的交换结构和调度算法具有较强的参考价值。

根据调度服务器的输出队列在队列非空时是否持续处于工作状态，可把所对应的调度算法分成尽职工作（Work Conserving）型和非尽职工作（Non-Work-Conserving）型两大类[28-29]。

尽职工作型调度算法一般都采用了相似的优先级排序队列机制，其核心思想是在所设计的调度算法中都维持一个全局优先级状态变量，每当有分组需要调度时，此优先级状态变量按相应算法进行更新并被赋予该分组，在随后的实际输出排队时，分组被按优先级顺序排序并依次输出到输出链路。如何维护和更新此全局的优先级状态变量是各算法之间的主要区别所在。尽职工作型调度算法可以允许网络流量特性扭曲，所以可以在不关心所调度的流量特性是否改变的情况下，持续地进行工作，因而对提高网络的利用率和转发系统的吞吐率来说，此类算法是比较好的。

在非尽职工作型调度算法中，当分组到达时，该分组首先进入一个流的调节器（Traffic Regulator），通过使用调节算法，使到达分组在适当的时间才可以进行调度输出。此类算法的特点就是试图尽可能地维持网络的流量特性，因此不能持续地进行工作，因而从提高网络利用率和转发系统吞吐率的角度来看，此类算法存在不足。

然而要实现 $N \times N$ 的 OQ 交换结构，其交换单元和存储单元都必须工作于线路速率的 N 倍，这使得 OQ 交换结构在构建大容量交换结构时实现代价过高，有时甚至无法实现。

OQ 交换结构 N 倍加速问题成为其技术发展的瓶颈。研究表明，缓存接入速度的发展速度远远低于路由器交换容量和端口速率的发展速度，是路由器向高速、大容量发展的最大瓶颈之一。由此可见，输出排队交换结构的可扩展性较差，不适合用于大容量交换结构的构建。因此，输入排队交换结构成为了人们的关注目标。

2.3.2 基于 IQ 结构的典型调度算法分析

比较而言，由于输入排队 IQ 交换结构的交换单元和存储单元均只需工作于线路速率，因而对于构建大容量交换结构是一种十分经济的解决方案，但是 IQ 交换结构的调度算法需要全局考虑交换结构所有输入端口和输出端口的带宽使用，因此必须采用集中式的调度机制，这使得在 IQ 交换结构实现 QoS 保障时十分复杂。IQ 结构调度算法本质是一个双向图的匹配求解问题。其核心是协调竞争冲突，即某些输入、输出端口竞争裁决的结果让步于其他输入、输出端口，建立无冲突（conflict-free）端口匹配。可以基于逐个时隙，也可以基于将若干个时隙组合的帧。

基于二分模型图依据匹配的准则不同分为：最大匹配（Maximum Size matching，MSM）是指边数达到最大；最大权重匹配（Maximum Weight Matching，MWM）是指边的权重之和达到最大。由于这两种算法具有复杂度高、硬件实现复杂等缺点，在实际应用中，我们一般用极大匹配（Maximal Matching）近似最大匹配。所谓极大匹配，是指在当前已完成的匹配中，无法再通过增加未完成匹配的边的方式来增加匹配的边数或权重。极大匹配实际上是通过依次建立局部最大来逼近全局最大，其中后续匹配不能拆除前面已建立的匹配，所以建立局部最大匹配的顺序决定了算法的性能。

MSM 采用 1 位的队列占用作为边的权重，当队列中有信元时，相应边的权重为 1，否则为 0。目前已知的渐进复杂性最好的该类算法可以达到 $O(N2.5)$[30]，MSM 在均匀的独立到达下可以实现 100%的吞吐率。但其也存在以下缺点：①在容许的非均匀通信量下，可能导致不稳定和不公平；②在非容许的通信量下，可能导致饿死；③算法实现起来过于复杂且运行时间长。

最常用的极大匹配法是迭代（Iteration）法，在一个时间片开始时，所有的输入和输出都初始化为未匹配，只有那些直到一次迭代结束都未能完成匹配的输入和输出才能留到下一次迭代。具体为：①Request：输入端口向其有分组传输的所有输出端口发出请求；②Grant：输出端口从所收到的请求中选择一个，向相应的输入端口发出响应；③Accept：输入端口从所收到的响应中选择一个，向相应的输出端口发出确认，建立匹配关系。

对于均匀业务，通常采用极大数目匹配法，例如：PIM（Parallel Iterative Matching）[31]、RRM（Round Robin Matching）[32]、iSLIP（iterative SLIP）[33]和 FIRM[34]等。除 PIM 采用均匀方式随机选取 Grant 和 Accept 外，其他算法都是基于轮询（Round Robin，RR）的方式。所不同的是，当轮询到的端口无分组传输时，指示下一次轮询许可或确认端口的指针更新的方法不同，从而导致了算法性能的差异。PIM、iSLIP 和 FIRM 等算法通过多次迭代实现对 MSM 算法的近似，因此具有和 MSM 算法类似的性能，如在均匀的独立到达下，所有算法经过多次迭代都可以实现 100%的吞吐率，但对非均匀通信量会变得不稳定。值得指出的是，指针更新方法实际上就是建立局部最大匹配的顺序，不同的方法决定不同的顺序。表 2-1 为基于分组 MSM 类算法复杂度时延界比较。

表 2-1   基于分组 MSM 类算法复杂度时延界比较

算法	PIM	RRM	iSLIP	FIRM
复杂度	$O(N\log N)$	$O(N\log N)$	$O(N^2)$	$O(N^2)$
时延界	—	—	$N^2+(N-1)^2$	N^2

对于非均匀业务，采用的是基于权重的匹配法。MWM 是对最大匹配的扩展，在计算边的权重时考虑队列超过 1 位的性质，如队列长度或排队等待时间等。目前，解决这类问题的最有效的算法，其渐进复杂度是 $O(N^3\log N)$[35-37]。而且提供更进一步的服务质量保障还会再增加调度算法的复杂度[38]，很难具有现实意义。虽然国内外许多学者致力于对最大权重匹配算法进行简化，例如 iLQF、iOCF、iLPF 算法[39-40]等，但是其复杂度降低有限，依然无法在高速环境下应用。表 2-2 为基于分组 MWM 类算法性能比较。

2.3.3   基于 CIOQ 结构的典型调度算法分析

目前 CIOQ 中提供确定性 QoS 保障主要有模拟和非模拟 OQ 调度两种方式，

其时延界的理论分析都采用了组合数学的方法。

表 2-2　基于分组 MWM 类算法性能比较

算法	匹配算法	权重	时间复杂度
LQF	重复匹配	队列长度	$O(N^3\log N)$
OCF	重复匹配	最久信元	$O(N^3\log N)$
LPF	重复匹配	队列长度的函数	$O(N^{2.5})$
iLQF	迭代匹配	队列长度	$O(N^2\log N)$
iOCF	迭代匹配	最久信元	$O(N^2\log N)$
iLPF	预排序和仲裁	端口占用率	$O(N^2)$

　　模拟 OQ 是指 CIOQ 中的分组离开交换机必须保证时间和顺序与相同输入条件下的 OQ 完全相同。目前模拟 OQ 的方法对端口匹配都采用了所谓的稳定婚姻匹配法。所谓稳定，是指所有已完成匹配的输入和输出端口，在没有完成匹配的输出和输入端口集合中不能发现一个端口，其优先级比已匹配的端口要高。例如 MUCFA（Most Urgent Cell First Algorithm）、JPM（Joined Preferred Matching）、CCF（Critical Cell First）和 LOOFA（Lowest Output Occupancy First Algorithm），其算法复杂度均为 $O(N^2)$。

　　Prabhakar 和 McKeown 首先证明了当加速比为 4 时，CIOQ 交换结构可以模拟先入先出的输出（FIFO-OQ）排队交换结构[18]；MUCFA 算法利用 GSA（Gale-Shapley Alogorithm）算法和输入/输出优先清单，在输入、输出端口之间发现一个稳定婚姻匹配。采用 MUCFA 算法的 CIOQ 路由器在加速比为 4 时能够准确地仿真一个 FIFO-OQ 路由器。Chuang 在理论上证明了 2-1/N 的加速比是 CIOQ 达到和 FIFO-OQ 同样功能的充分必要条件[41]，并提出了一种目前最简单的基于 CIOQ 的算法——临界信元优先算法 CCF。

　　JPM 和 CCF 算法中，输入优先清单的信元分别按到达时间的反序和输出占用的增序排列，一个信元的输出占用是指该信元的目的输出队列中等待转发的信元的个数。与 MUCFA 算法一样，JPM 和 CCF 算法的输出优先清单的信元按紧急值排列，JPM 和 CCF 算法从两个方面加强了 MUCFA 算法的结论：

（1）只需要 2 倍的加速比；

（2）允许仿真 FIFO 及其他输出排队的调度算法。

LOOFA 算法的输入优先清单与 CCF 算法相同，输出优先清单按信元到达时间排列。当加速比为 2 时，采用 LOOFA 的路由器是连续工作（Work-Conserving）的，因此能够提供与 OQ 相同的吞吐率。此外，LOOFA 可以在传输流级限制每个分组的传输延迟。

非模拟 OQ 的方法是在分组进行端口交换前，采用 OQ 调度以及借助权重来限制参与端口竞争的分组数目，采用加速比保证所有分组相同的端口交换时延界，在输出缓存中再进行 OQ 调度。其中最关键的分组端口交换时延还是通过框架结构来限制的，等效于固定帧（frame）长的帧结构。

Charny 等人证明，对于任意可接入业务，当加速比为 6 和 4 时，任意极大匹配法都可以提供与 N 无关和有关的时延保证。当加速比为 2 时，采用特定权重的极大匹配法能获得 100%的通过率及时延保证[42]。Dai 等人进一步证明了若输入业务的到达符合强大数定理，任何极大匹配法都可获得 100%的通过率[20]。

CIOQ 虽然可以提供确定性 QoS 保障，但加速比的要求限制了算法的实用性。文献[43]中 Yang、Lee 等人提出的交换结构实际上是将串行传输中的加速比问题，通过并行传输来解决，是以空间换时间的做法，交换矩阵的规模显著增大。从实际设计交换机的角度来看，同样限制了其在大规模交换机中的应用。最近，Minkenberg 证明了在输出缓存器容量有限的情况下，模拟 OQ 的算法都不能物理实现[44]。原因是交换结构到输出端口的加速比与输出缓存中的分组长度相关。

现有 CIOQ 中的分组调度算法因为其与 IQ 结构中问题的本质是相同的，都采用集中式的调度算法，所以其实用价值有限，特别是对于高速网络中的大规模交换机。但其通过加速比来减少和化解竞争冲突，从而提供确定性 QoS 的机制和方法值得仔细分析。

2.3.4 基于 CICQ 结构的典型调度算法分析

通过前文对基于交叉开关交换技术的回顾与分析可以看出，交叉开关本质上属于一个需要采用集中式控制机制的交换单元，在未经充分加速的情况下（对应于输入排队交换结构和联合输入输出排队交换结构），必须全局考虑所有输入端口和输出端口的匹配关系，使调度算法的复杂度成为交换的瓶颈，在经过充分加速的情况下（对应于输出排队交换结构），虽然可以避免集中式的控制机制，但又会在很大程度上限制交换结构的可扩展性。

2000 年，Nabeshima 首先基于带缓存交叉开关交换单元，提出了采用虚拟输出排队机制的联合输入交叉节点排队 CICQ 交换结构[9]。严格地说，带缓存交叉开关并非一个全新的设计思想，这种交换单元的设计方法早在 1982 年就申请过美国国家专利，但受制于当时的芯片工艺水平对片内缓存单元的支持能力，并未获得广泛的研究与应用。由于异步传输模式（ATM）使用 53 字节固定大小的信元作为传送信息的基本载体，对带缓存交叉开关片内缓存容量的需求相对较小，因此 ATM 交换技术的发展使带缓存交叉开关交换单元得到了更进一步的研究[24, 45-53]。

CICQ 交换系统也采用 VOQ 排队机制，其结构优于 IQ 交换结构的关键在于为每个交叉点注入了一定容量的缓存，从而解开了调度中输入和输出的耦合，分布式和并行调度策略的设计成为了现实，它被普遍认为是一类十分理想的调度模型，一类颇具前景的交换结构。因而也是本文研究的重点方向。

而且随着芯片工艺水平的提高，在交换单元内部实现小容量的缓存并不困难。目前基于这一结构已经提出了多种调度算法，如 RR-RR[54]、OCF-OCF[9]、LQF-RR[10]、SCBF[55]、MCBF[56]等，均可获得较好的吞吐量和时延性能。2003 年，Magill 等证明了 CICQ 交换结构在 2 倍加速条件下可通过分布式调度算法模拟先入先出的输出排队交换结构（FCFS-OQ），并证明了如果带缓存 crossbar 的每个节点缓存可以存储 k 个信元，那么在 2 倍加速条件下即可模拟支持 k 个优先级的 FCFS-OQ 交换结构[57]。2005 年，Chuang 等进一步证明了在 3 倍加速条件下，CICQ 交换结构可以通过分布式调度算法实现模拟采用任意调度算法的 OQ 交换结构[58]。

虽然基于带缓存交叉开关的交换技术取得了一些研究进展，但在组播支持和服务质量保障方面的研究还很匮乏，距离实际的应用需求还存在一定差距。而且随着线路速率的不断提高，即便是小的加速也会大大增加硬件成本和实现难度，损害交换结构的可扩展性。为此提出重端口技术。利用重端口技术对 CICQ 交换结构进行改进，可使之在不需要内部加速的条件下能够模拟 OQ 交换结构，在一定程度上解决了高速交换与 QoS 保证之间的矛盾[59]。因此要解决交换技术目前所面临的问题，基于带缓存交叉开关的交换技术还有待于进一步的研究。

通过对交换结构调度算法进行分析研究发现，设计 CICQ 调度算法要依据三方面准则：

（1）交换系统的可扩展性问题：①从硬件实现复杂度的角度讲，应尽量避免比较和排序等操作；②调度算法的复杂度不应对交换结构的规模过于敏感。

（2）要提高交换系统的稳定性：①VOQ 队列的状态，不能使队列无限增长，造成阻塞或信元丢失；②要充分关注输入调度与交叉点调度之间需保持一定的匹配关系。

（3）要能够提供不同业务服务需求的支持。

如此才能提高整个交换结构的性能。

2.4　基于标识支持 QoS 的交换技术分析

由上文分析可知，未来的队列调度算法一定要适合网络带宽高速化和业务多样化的发展趋势，首先要保证高的分组调度速度，同时在时延特性和公平性方面有较好的保证。

现有路由交换模式存在的缺陷如下：

（1）无法精确保证网络服务质量 QoS。

近年来新出现的很多业务类型采用动态端口号，其数据包仅从网络层和传输层协议域已经无法判别出所属的业务类型。如各种 P2P 协议及 VoIP 协议，现有路由交换模式无法识别出这类数据包的业务类型，因而无法保证其 QoS。

（2）无法对网络资源分配进行优化。

网络资源应优先分配给高优先级的业务，限制或屏蔽非正常流，以保证网络的健壮运行。例如，当前 P2P 流量很大，严重抢占了其他业务类型的可用带宽，许多网络运营商希望对 P2P 流量实施有限的控制。但是对 P2P 数据包的判别需要对数据包进行深达应用层的分析，这是现有路由交换模式无法实现的。

（3）"网络经济"问题。

如果能够对不同业务采取不同的费率，则可创造出更加精确的网络资源"使用量"测量手段，为业务设计者"生产"新业务，并为 Internet 服务提供商 ISP 升级网络设备提供更加具有激励性的环境。

目前针对数据包分类的研究仅能支持根据五元组（源 IP 地址、目的 IP 地址、源端口、目的端口、传输层协议号）进行分类；通过在路由器中部署 Red/WRed 等主动队列管理算法，实现诸如 DRR/WDRR 等公平带宽分配算法，实现了数据包的分类和基于流的管理，因此能对数据流提供一定的 QoS 保障。然而，仅在 TCP 层识别业务是不够准确的，比如目前流行的 P2P 业务以及 VoIP 业务，它们往往采用动态端口技术，甚至采用与 Web 业务相同的 80 端口，传统路由器无法准确地识别出它们，也就无法对之进行有效控制和管理。因此，为了对各种现有的以及以后可能出现的未知业务提供更好的服务质量保证，迫切需要研究能够识别感知业务类型的路由器。

为了解决以上问题，适合一体化网络基于标识支持 QoS 的交换技术应具有如下特征：

（1）以业务类为单位管理网络数据流。

由于在穿过路由器的网络流量中，同时并存的数据流可能多达上百万个，数据流粒度的路由、交换以及 QoS 控制在现有硬件条件下极难实现，如果采用 Diffserv 技术以聚合流的方式管理数据流，虽易于管理，但是粒度太粗，只有 8 个级别。本文提出的基于标识的交换以业务类为单位管理网络数据流，业务类的数目基本上是数百个量级，即易于管理，又可以精确反映不同业务的 QoS 需求。

（2）基于业务、综合多种目标的调度与交换。

在实施业务量管理和数据包交换时，传统的交换技术仅把吞吐量和公平性作为追求目标，没有考虑到网络效用和 ISP 的利益。以业务类为粒度的交换调度器和交换网络均以最大化网络效用和 ISP 的利益为优化目标，目的是提高用户满意度，激励业务设计者设计更多有用的业务，并激励 ISP 升级网络设备。

以业务类为粒度在业务管理模块进行排队管理，并按网络效用和 ISP 收益来调度分组，降低操作代价并提高系统性能；按照最大化效用和交换收益在面向业务的交换网络上实现新型交换技术，克服尽力而为方式的缺陷。

本文将标识引入一体化网络交换中，通过一体化网络标识解析映射理论，采用基于标识的交换，避免了对数据包的深度解析，能对不同的业务类进行感知识别，从而可以很好地支持不同 QoS，而且大大降低了算法的复杂度。

2.5　本章小结

本章从交换系统排队结构对 QoS 支持的角度，对目前典型的交换结构及其调度算法进行了较为全面的分类、比较，分别按基于输出排队、基于输入排队、基于联合输入输出排队、基于组合输入交叉点排队交换结构，对现有典型调度算法进行了分析。OQ 交换结构虽能提供 QoS 保障，但需 N 倍线速，扩展性差；IQ 交换结构需集中式调度，难以提供 QoS 保障；CIOQ 交换结构只有通过内部加速才能获得 QoS 保障；CICQ 在支持 QoS 方面具有显著优势，但它们仅关注如何获取高吞吐量和低时延，无法针对不同业务提供区分服务；这样的分类研究不仅有利于较全面地总结各种算法，更有利于揭示调度算法的研究方向。在此基础上，将标识的概念引入交换结构，提出了基于标识的交换，给出了适合一体化网络基于标识支持 QoS 的交换技术应具有的特征。第三章和第四章基于标识的调度机制研究均是以本章提出的基于标识交换为基础。

通过本章分析可以看出，提供大容量和 QoS 保障是分组交换调度面临的两大难题，也是交换系统发展的两大方向。

参考文献：

[1]　Peng Yi, Hongchao Hu, Hui Li, et al. A Distributed DiffServ Supporting Scheduling Scheme[C]. Proceedings of The IET International Conference on Wireless, Mobile and Multimedia Networks, Hangzhou, China,2006: 1-4.

[2]　F. Tobagi. Fast Packet Switch Architectures for Broadband Integrated Services Digital Networks[J]. Proceedings of IEEE ,1990,78(1):133-167.

[3]　M. Karol,M. Hluchyj. Queueing in High-performance Packet-Switching[J]. IEEE Journal on

Selected Areas in Communications 6,1988(12):1587-1597.

[4]　Amit Prakash,Sadia Sharif,Adrian Aziz. An parallel algorithm for output queuing[C]. Proceedings of IEEE INFOCOM, Vol.3,2002: 1623 - 1629.

[5]　M. Karol, M. Hluchyj, S. Morgan. Input versus Output Queueing on a Space Division Packet Switch[J]. IEEE Transactions on Communications 35,1987(12):1347-1356.

[6]　S. Li ,M. Lee. A Study of Traffic Imbalances in a Fast Packet Switch[C]. Proceeding of IEEE INFOCOM, Vol.2,1989:538-547.

[7]　Tamir Y, Frazier G. Dynamically-Allocated multi-queue buffer for VLSI communication switches[J]. IEEE Transactions on Computers, 1992, 41(6):725-737.

[8]　A. Gupta ,N. Georganas. Analysis of Packet Switch with Input and Output Buffers and Speed Constraints[C]. Proceedings of IEEE INFOCOM, Vol.2,1991:694-700.

[9]　M. Nabeshima. Performance Evaluation of A Combined Input and Crosspoint Queued Switch[J]. IEICE Trans.Commun,2000(3):737-741.

[10]　T.Javidi,R. Magill,T.Hrabik. A High-throughput Scheduling Algorithm for A Bufered Crossbar Switch Fabric[C]. IEEE Intenrational conference on Communications, Vol.5,2001:1586-1591.

[11]　K. Christensen. A Parallel-Polled Virtual Output Queued (PP-VOQ) Switch[J]. IEEE lectronics Leters, 2000,36(10):1902-1903.

[12]　N.Chrysos, M.Katevenis. Transient Behavior of a Bufered Crossbar Converging to Weighted Max-Min Fainress[].Inst.of Computer Science, FORTH,2002. http://archvlsi.ics.forth.gr/bufxbar/

[13]　R. RojasCessa, E.Oki, Z. Jing,et al. CIXB-1: Combined Input-One-Cell-Cross point Bufered Switch[C]. Workshop on high performances witching and routing 2001, May 2001:324-329.

[14]　R.Rojas, E.Oki ,H. J.Chao. CIXB-k Combined Input Crosspoint Output Bufered Packet Switch[C]. Global Telecommunications Conference, Vol.4,Nov 2001:2654-2660.

[15]　Qiang Duan,John N .Daigle. Resource Allocation for Quality of Service Provision in Buffered Crossbar Switches[C]. Eleventh Intenrational Confeernce on Computer Communications and Networks,2002:509-513.

[16]　Qiang Duan, Xinghe Li, Linjie Zhang. Delay Performance Analysis for the Bufered Crossbar Switch[C]. Intenrational Conference on Advanced Information Networking and Applications

(AINA'03), 2003:750-755.

[17] P. Krishna, N. Patel, A. Charny, et al. On the speedup required for work-conversing crossbar switches[J]. IEEE Journal on Selected Areas in Communications,1999, 17(6):1057-1066.

[18] B. Prabhakar,N. McKeown. On the speedup required for combined input and output queued switching[J]. Automatica, 1999, 35(12):1909-1920.

[19] Y. Oie, M. Murata, K. Kubota, et al. Effect of speedup in nonblocking packet switch[C]. In Proc. ICC'89. Boston, Massachusetts, 1989:410-415.

[20] J. G. Dai,B. Prabhakar. The throughput of data switches with and without speedup[C]. In Proc. IEEE INFOCOM'00. Tel Aviv, Israel, 2000:556-564.

[21] G. Kesidis, N. McKeown. Output-buffer ATM packet switching for integrated-services communication networks[C]. in Proc. IEEE ICC '97, Canada, Vol.3,1997: 1684 - 1688.

[22] M. Shreedhar, G.Varghese. Efficient Fair Queueing Using Deficit Round Robin[J]. Computer Communications Reviews,1995. 25(4):231-242.

[23] H. Shimonishi, H. Suzuki. Analysis of Weighted Round Robin Cell Scheduling and Its Improvement in ATM Networks[J]. IEICE Trans on Communications.1998 (5):910-918.

[24] A. Demers, S. Keshav, S.Shenker. Analysis and Simulation of a Fair Queueing Algorithm[J]. Computer Communications Reviews. 1989,19(4):1-12.

[25] J. C. R. Bennett, H. Zhang. WF2Q: Worst-case Fair Weighted Fair Queueing[C]. Proc of IEEE INFICOM'96,San Francisco, USA. Mar 1996:120-128.

[26] S. Golestani. A self clocked fair queueing scheme for broadband applications[C]. In Proc, IEEE INFICOM '94, Toronto, Canada,1994:636-646.

[27] F. M. Chiussi, A.Francini. Minimum-Delay Self-Clocked Fair Queueing Algorithms for Packet-Switched Networks[C]. Proc of IEEE INFOCOM'98,San Francisco,USA, 1998: 1112-1121.

[28] F. Risso. Quality of Service on Packet Switched Networks. PHD thesis, Jan. 2000, http://www.polito.it/~risso/pubs/thesis.pdf.

[29] J. Liebeherr,E. Yilmaz. Work-conserving vs. non work-conserving packet scheduling[C]. an issue revisited, Proc., IEEE/IFIP IWQoS '99, June 1999.

[30]   Even. S,Kariv. O.An O (N2.5) algorithm for maximum matching in general graphs,16th Annual Symposium on   Foundations of Computer Science,1975:100-112.

[31]   T. Anderson, S. Owicki, J. Saxe,et al. High-Speed Switch Scheduling for Local-Area Networks[J]. ACM Transactions on Computer Systems 11, 1993(11):319-352.

[32]   N. McKeown. Scheduling algorithms for Input-QueuedSwitches. Ph.D.Thesis, University of California at Berkley, 1995.

[33]   N. McKeown. Fast Switched Backplane for a Gigabit Switched Router[EB/OL]. Cisco Systems paper, http://www.cisco.com/warp/public/cc/cisco/mkt/core/12000/tech/fasts_ws.pdf.

[34]   D. Serpanos,P. Antoniadis. FIRM: A Class of Distributed Scheduling Algorithms for High-speed ATM Switches with Multiple Input Queues[C]. Proceedings of IEEE INFOCOM, 2000:548-555.

[35]   N. McKeown, V. Anantharam, J. Walrand. Achieving 100% throughput in an input-queued switch[C]. in Proc. IEEE INFOCOM'96,1996:296-302.

[36]   A. Mekkittikul,N. McKeown. A practical scheduling algorithm for achieving 100% throughput in input-queued switches[C]. in Proc. INFOCOM '98, San Francisco, CA,1998: 792-799.

[37]   R. E. Tarjan. Data structures and network algorithms[M]. in Soc. Ind. Appl. Mathematics, PA, 1983.

[38]   C.S. Chang, W.J. Chen, H.Y. Huang. On service guarantees for input buffered crossbar switches: a capacity decomposition approach by birkhoff and von neumann[C]. in IEEE IWQoS'99, London, U.K., 1999:79-86.

[39]   N.McKeown. Scheduling Algorithms for Input-Queued Cell Switches: [PhD Thesis]. Berkeley: University of California at Berkeley, 1995.

[40]   Scheduling Non-uniform Traffic in High Speed Packet Switches and Routers. Adisak Mekkittikul PhD Thesis (171 pages), Stanford University, November 1998, pp.17.

[41]   CHUANG S T,el a1. Matching output queueing with a combined input output queued switch[J]. IEEE J SAC,1999,17(6):1030-1039.

[42]   Charny A,et al. Algorithms for providing bandwidth and delay guarantees in input - buffered crossbars with speedup[C]. IEEE IWQoS'98,Athens,Greece,1998:235-244.

[43] Yang M，Zheng Q. An efficient scheduling algorithm for CIOQ switches with space - division multiplexing expansion[C]. IEEE INFOCOM'03,San Francisco,CA,USA,2003:1643-1650.

[44] Minkenberg C. Work-conservingness of CIOQ packet swit with limited output buffers[J]. IEEE Comm Letter,2002,6(10):452-454.

[45] Y. Doi, N. Yamanaka. A High-Speed ATM Switch with input and Cross-Point Buffers[J]. IEICE Transactions on Communications ,1993(3): 310-314.

[46] A. Gupta,L. Barbosa,N. Georganas. 16x16 Limited Intermediate Buffer Switch Module for ATM Networks[J]. Proceedings of IEEE GLOBECOM, 1991(12):939-943.

[47] A. Gupta,L. Barbosa,N. Georganas. Limited Intermediate Buffer Switch Modules and Their Interconnection Networks for B-ISDN[C]. Proceedings of IEEE ICC, 1992:1646-1650.

[48] S. Nojima, E. Tsutio, H. Fukuda,et al. Integrated Services Packet Network Using Bus Matrix Switch[J]. IEEE Journal of Selected Areas in Communications 5,1987(10): 1284-1292.

[49] E. Re, R. Fantacci. Performance Evaluation of Input and Output Queueing Techniques in ATM Switching Systems[J]. IEEE Transactions on Communications 40,1993: 1565-1575.

[50] D. Stephens,H. Zhang. Implementing Distributed Packet Fair Queueing in a Scalable Switch Architecture[C]. Proceedings of IEEE INFOCOM, 1998:282-290.

[51] P. Goli,V. Kumar. Performance of a Crosspoint Buffered ATM Switch Fabric[C]. Proceedings of IEEE INFOCOM, 1992:426-435.

[52] Y. Kato, T. Shimoe, K. Hajikano,et al. Experimental Broadband ATM Switching System[C]. Proceedings of IEEE GLOBECOM, Vol.3,1988:1288-1292.

[53] B. Zhou,M. Atiquzzaman. Performance of ATM Switch Fabrics Using Cross-Point Buffers[C]. Proceedings of IEEE INFOCOM, 1995:16-23.

[54] N. Chrysos, M. Katevenis. Multiple Priorities in a Two-Lane Buffered Crossbar[EB/OL]. Submitted to ICC'04. http://archvlsi.ics.forth.gr/bufxbar.

[55] Xiao Zhang,Laxmi N.Bhuyan. An Efficient Algorithm for Combined Input-Crosspoint-Queued (CICQ) Switches[J]. IEEE GLOBECOM,2004(11):1168-1173.

[56] Lotfi Mhamdi, Mounir Hamdi. MCBF: A High-Performance Scheduling Algorithm for Buffered Crossbar Switches[J]. IEEE Communications Letters, 2003.9:451-453.

[57] B. Magill, C. Rohrs, R. Stevenson. Output-Queued Switch Emulation by Fabrics With Limited Memory[J].in IEEE Journal on Selected Areas in Communications, 2003.5:606-615.

[58] S. Iyer, S. T. Chuang,N. McKeown. Practical algorithms for performance guarantees in buffered crossbars[C]. in IEEE INFOCOM'05, Vol.2, 2005: 981 - 991.

[59] 王斌，丁炜. 一种基于重端口的 CICQ 交换机方案及行为分析[J]. 北京邮电大学学报，2006.8:91-94.

第三章　基于标识支持区分 QoS 的
CICQ 调度机制研究

本章研究了基于标识支持区分 QoS 的 CICQ 调度机制。对通信中用到的标识和区分 QoS 进行了定义和说明，基于 CICQ 交换结构设计出支持区分服务的 DS-CICQ 交换结构，在 DS-CICQ 交换结构基础上，提出一种基于标识支持区分 QoS 的分布式动态双轮询 ID-DDRR 调度算法。在不同类业务和不同输出端口，采用双指针双轮转型调度策略，调度复杂度大为降低；其份额函数是基于队长信息和优先级的，是一种流量自适应的动态调度机制。理论分析和仿真实验说明：ID-DDRR 算法是有效的，在 CICQ 交换结构下，算法能够稳定运行，具有良好的时延性能，而且又保持了各优先业务类的相对公平性，能够更好地支持区分服务，从而实现 QoS 保障。

3.1　引言

近年来，随着互联网多媒体业务的兴起、可重构网络[1]等新的概念被提出，服务质量问题再次受到关注，如何实现具有服务质量保证的交换结构也成为了被关注的问题之一。CICQ[2]是一类特殊的综合输入输出排队结构，因具有分布式调度特性而受到广泛关注。目前基于 CICQ 的调度方案主要借鉴了传统的输出排队调度策略，并结合中间交叉缓存状态和流量控制机制，其中轮询类调度算法因硬件实现简单而研究广泛[3]。而原有的调度算法，其目的均是达到吞吐量的最大化和平均延时的最小化，如文献[4-5]，这些方法基本都是基于每流调度的，它们相对而言对 QoS 的保证比较少。而在用户的角度，吞吐量的最大化并不能保证自己关键性业务的 QoS。还有一些研究可以支持 RSVP、IntServ、Diffserv[6-8]等 QoS 方案，通过在某种程度上实现流聚合，保障了一定的 QoS。但基于流的调度均无法精确区分不同的业务类型，也就无法对之进行有效控制和管理，也就无法保证其 QoS。

我们主要考虑 CICQ 交换机制上如何满足多类业务的性能需要。本研究提出的基于标识的调度以业务类为单位管理网络数据流。业务类的数目基本上在数百个量级，既易于管理，又可以精确反映不同业务的 QoS 需求。

为了对各种现有的以及以后可能出现的未知业务提供更好的 QoS 保证，基于 CICQ 分布式调度的特性，设计出支持区分服务的 DS-CICQ 交换结构，采用分布式缓存；在 DS-CICQ 交换结构的基础上，提出一种基于标识支持区分 QoS 的 CICQ 调度机制，它不同于以往交换调度算法对所有流进行无区别的对待，或者仅仅按照带宽权重来实现公平；该机制能够为数据分组提供不同层次的服务保证，既可以满足可靠传输流的传输要求，也可以支持传统数据流应用的传输。

- 对 VoIP 这样的任务，调度算法需要给它们提供足够的带宽以保障交换的延迟和延迟抖动足够小；
- 对于 IPTV 这样的任务，需要保证它们的最小带宽；
- 对于 FTP 之类的应用，我们只要保证大的吞吐量就可以了；
- 对于实时的网络游戏应用，我们需要为这种业务综合地考虑多方面的限制。

当然，交换系统在网络拥塞时的稳定性、对延迟敏感业务是否会产生不可估量的延迟也是很重要的。其设计目标为：

- 支持丢失率的多优先级传输，可提供可靠的传输服务；
- 能对传统数据应用实现拥塞控制，提供公平服务；
- 动态适应网络变化，实现尽量简单；
- 对于那些对延迟比较敏感的业务类，交换系统应提供有界的延迟。

3.2 相关术语及定义

3.2.1 区分 QoS

QoS 保证是实现普适服务的关键，服务质量 QoS 从用户层面看，是服务性能的总效果，该效果决定了一个用户对服务的满意程度。在 RFC2216 中，QoS 定义为用带宽、分组延迟、延迟抖动和分组丢失率等参数描述的关于分组传输的质量。IETF 的定义更适用于交换网络的 QoS 研究。

为满足 Internet 上多种业务对 QoS 的需求，Internet 工程任务组（IETF）先后制定了两种 QoS 服务模型框架：综合服务（Integrated Services/ReSource Reservation Protocol，IntServ/RSVP）[6, 9]参考服务模型和区分服务（Differentiated Services，DiffServ）[10]参考服务模型，用来在不同场合提供相应的质量保证。一体化网络要求交换结构提供区分 QoS，即对不同业务类提供不同的服务质量保障。

（1）综合服务 IntServ

现有互联网 Internet 的 IP 协议提供的是一种无连接的网络层传输服务，为了实现互联网上端到端的 QoS 保证，IETF 在 1993 年发布了 IntServ 体系结构。IntServ 的基本思想是在传送数据之前，根据业务的 QoS 需求进行网络资源预留，从而为该数据流提供端到端的 QoS 保证。

IntServ/RSVP 服务模型定义在 RFC 1633 中，并且 RFC 1633 将 RSVP 作为 IntServ 结构中的主要信令协议，其主要目标是以资源预留的方式来实现 QoS 保障。结构上，IntServ/RSVP 服务模型主要由四个部分构成：信令协议 RSVP、接入控制器（Admission Control Routines）、分类器（Classifier）、包调度器（Packet Scheduler）。

在实现上，IntServ 需要所有路由器在控制路径上处理每个流的信令消息，并维护每个流的路径状态和资源预留状态，在数据路径上执行流的 RSVP 负责以逐跳（hop-by-hop）方式建立或者拆除每个流的资源预留软状态（Soft State）、设置协议、动态地保留资源。接入控制器将决定是否接受一个资源预留请求，其根据是链路和网络节点的资源使用情况以及 QoS 请求的具体要求。分类器则对传输的数据包分类成传输流。IntServ 常用的分类器是多字段（Multi-Field，MF）分类器，当路由器接收到数据包时，它根据数据包首部的多个字段（如五元组：源 IP 地址、目的 IP 地址、源端口号、目的端口号、传输协议），将数据包放入相应的队列中。调度器则根据不同的策略对各个队列中的数据包进行转发、分类、调度和缓冲区管理。

目前 IntServ 支持 IETF 定义的三类服务业务：

- 确保服务 GS（Guaranteed Service）[11]。GS 通过协调控制各网络单元的执行参数，为数据流提供类似于虚电路连接的端到端传输通道，确保严格的端到端传输延时，并且当网络负载过重时，不会被丢弃。常用于需要严格保证无丢失、准确达到的实时传输应用上。

- 可控负载服务 CLS（Controlled-Load Service）[12]。CLS 类似于网络轻负载下的尽最大努力传送服务。它与尽最大努力传送的主要区别在于，当网络负载较重时，CLS 流不会明显恶化，其丢包率和延时大于某阈值的概率极小。而尽最大努力传送流在网络重负载时会有很大的延时或丢包率。CLS 常用于延时敏感型应用，如网络视频系统。

- 尽力而为的业务（Best-Effort）。类似当前 Internet 在多种负载环境（由轻到重）下提供的尽力而为的业务。

IntServ 的优点有：

- 能够提供端到端的 QoS 保证。RSVP 运行在从源端到目的端的每个路由器上，因此可以监视每个业务流，从而防止其消耗的资源比它请求预留的资源要多。

- 可以保证组播业务中网络资源的有效分配和网络状态的动态改变，以及组播成员的灵活管理。

- 适用于多媒体实时业务。

IntServ 的缺点有：

- IntServ 尽管能提供 QoS 保证，但扩展性较差。原因在于：①IntServ 工作方式是基于每个流的，需要保存大量与分组队列数成正比的状态信息；②资源预留协议（RSVP）的有效实施必须依赖于分组所经过的路径上的每个路由器，它会占用过多的路由器存储空间和处理开销。

- IntServ 对路由器的要求较高，实现复杂。由于需要进行端到端的资源预留，必须要求从发送者到接收者之间的所有路由器都支持必要的信令协议，因此所有路由器必须实现 RSVP、接纳控制、MF 的包分类和包调度。

- IntServ 不适合于短生存期的流。因为短生存期包预留资源的开销很可能大于处理流中所有包的开销。但 Internet 流量绝大多数是由短生存期的流构成的。短生存期的流需要一定程度的 QoS 保证时，IntServ 就显得得不偿失了。

而在骨干网上，业务流的数目可能会很大，同时要求路由器的转发速率很高，这些缺陷使得 IntServ 难于在骨干网上运行。因此，Intserv 只适合用于网络规模较小、业务质量要求较高的网络。由于 IntServ 的这些问题，IETF 提出了区分服务的概念和模型。

（2）区分服务 DiffServ

在 Intserv/RSVP 模型遇到巨大困难的情况下，IETF 于 1998 年在 RFC2474、RFC2475 中正式推出了 DiffServ 模型。DiffServ 的基本思想是将用户的数据流按照服务质量要求来划分等级，任何用户的数据流都可以自由进入网络。区分业务只承诺相对的服务质量，而不对任何用户承诺具体的服务质量指标。

DiffServ 是一个起源于 IntServ，但相对简单、粗划分的控制系统。DiffServ 使大型网络具有了可扩展性。DiffServ 简化了信令，对业务流的分类粒度更粗。它通过汇聚（aggregate）和逐跳行为 PHB（Per Hop Behavior）的方式来提供一定程度上的 QoS 保证。汇聚的含义在于路由器可以把 QoS 需求相近的各业务流看成一个大类，目的是减少调度算法所处理的队列数；PHB 的含义在于逐跳的转发方式，每个 PHB 对应一种转发方式或 QoS 要求。区分业务只包含有限数量的业务级别，状态信息的数量少，因此实现简单，扩展性较好。它的不足之处是很难提供基于流的端到端的质量保证。目前，区分业务是业界认同的 IP 骨干网的 QoS 解决方案。

DiffServ 体系结构主要由 QoS 资源策略管理器、边缘器件模块和核心器件模块三个部件构成，如图 3-1 所示。 DiffServ 主要通过两个机制来完成不同 QoS 业务要求的分类：DS 标记和一个包转发处理库的集合 PHB。

DiffServ 定义了三种 PHB 标准，即 EF（Expedited Forwarding）类、AF（Assured Forwarding）组和 BE（Best Effort）类。

EF 类享有低时延、低抖动、低丢失率、保证带宽的服务，这种"三低一保证"的服务类似于虚拟专线服务，是目前所定义的最高级别的 DiffServ 类型。为避免

EF 对其他业务的影响，DiffServ 协议为 EF 业务规定了一个峰值服务速率（Peak Information Rate，PIR），超过该峰值服务速率的服务请求就会被拒绝。

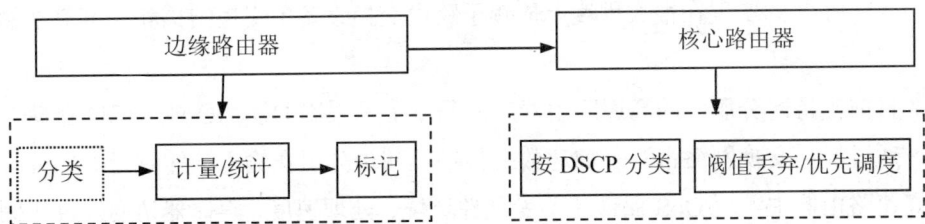

图 3-1   DiffServ 模型在核心和边缘路由器中的实现

AF 组可以享有确保带宽的服务。根据所提供带宽比例的不同，AF 组又分为 4 个不同的 AF 类，对于 AF1～AF4 业务而言，DiffServ 为每类业务规定了一个最低服务速率（Committed Information Rate，CIR）。AF 类只要求保证带宽和丢失率，不涉及延迟和抖动，其服务原则是无论网络是否发生了拥塞，用户都能至少得到所约定的最低限量的带宽。并且网络若有空余资源，用户可以得到一定的额外带宽。

BE 类只能享有默认的尽力而为型服务。为了避免 BE 业务产生"饥饿"现象，在满足 EF 和 AF 业务时，将网络剩余带宽分配给 BE 业务。

DiffServ 具有如下优点：

● 伸缩性较好。DS 字段只是规定了有限数量的业务级别，状态信息的数量正比于业务级别，而不是流的数量。

● 便于实现。只在网络的边界上才需要复杂的分类、标记、管制和整形操作，核心路由器只需实现行为聚集的分类，因此实现和部署区分型业务都比较容易。

DiffServ 模型的缺点：

● DiffServ 没有办法完全依靠自己来提供端到端的 QoS 结构，由于 DiffServ 中各个网络单元只是根据报文的 DSCP 决定内部的 PHB 处理方式，没有实现基于全网的资源预留和保证，只是提供了一种基于优先级保证 QoS 的方案。

● DiffServ 研究一个很重要的环节是 PHB 的实现。DiffServ 域中各个网络单元根据报文的 DSCP 值决定内部的 PHB 处理方式，提供一种基于优先级保证的 QoS，包括实时性和丢失控制以及对带宽的利用率的方案，而 PHB 的实现在很大程度上依赖于路由交换设备中交换结构和调度算法的设计。

目前支持区分服务的高速路由器产品基本上都采用 OQ、IQ 或 CIOQ 排队方式，通过提高交换网络带宽来加速数据传输以减少分组在输入端的时延。此外，在高速路由器中实现 QoS 保证还要受硬件环境、处理速度、存储器访问速度等因素的制约。因此实现难度较大，此外匹配算法的设计、排队策略的研究及其硬件实现也必须与 QoS 保障机制相连起来，所以 QoS 保障机制是 T 比特路由器实现中一个重要的技术突破点。

正因此，QoS 历来也是调度算法关注的一个重要问题。由于 OQ 交换结构在 QoS 保障方面极具优势，而且其调度机制可独立工作于各个输出端口，复杂度较低，易于实现对 DiffServ 模型的支持。多数支持 DiffServ 模型的调度算法都是基于 OQ 交换结构提出的，目前支持 DiffServ 的主流调度算法有优先级队列（PQ）算法、基于 GPS 的调度算法（FQ）、加权公平队列（WFQ）、基于轮询的调度算法（RR、加权轮询 WRR、差额加权轮询 DWRR、联合优先级排队加权轮询 PQWRR[13]）等。

然而，OQ 交换结构存在 N 倍加速问题，不具备良好的可扩展特性，高速环境下难以实现。IQ 交换结构虽然无须加速，可以在高速环境下实现。但 IQ 交换结构必须采用复杂的集中式调度机制才能获得良好的性能，可扩展性差。目前基于 IQ 交换结构支持 DiffServ 模型的调度算法有动态 DiffServ 调度 DDS[14]和分级 DiffServ 调度 HDS[15]，虽然通过采用迭代方式逼近最大匹配可以在一定程度降低算法复杂度，但它们仅能在均匀业务条件下获得较好的性能。对于非均匀业务，业务负载较重时，其性能急剧恶化。因此基于 IQ 交换结构支持 DiffServ 模型的调度算法在实际应用中也存在着很大的局限性。

（3）区分 QoS 定义

根据上述对 IntServ 和 DiffServ 的分析可知，IntServ 是一种基于单个业务流和资源预留的 QoS 保证技术，该技术在提供良好 QoS 保证的同时，也具有扩展性差的缺点。全网需要维护每个流的状态信息，这对于 T 比特级的骨干网络是不现实的。在区分服务框架中，区分 QoS 需要被定义为在聚合服务粒度的每跳行为 PHB，但没有给出定量的 QoS 描述。ITU-T 公布了 QoS 标准[16]：根据截然不同的参数分为 0～5 类。大多商业交换采用对区分服务进行剪切，仅基于服务类 CoS 进行调度提供严格的优先权。无法精确控制保证延迟流的延迟界。DiffServ 只是基于聚集流的优先级相对 QoS 保证。

我们的区分 QoS 定义尽量在复杂性和实用性两者间找出一有效平衡点，服务需求分析如图 3-2 所示。

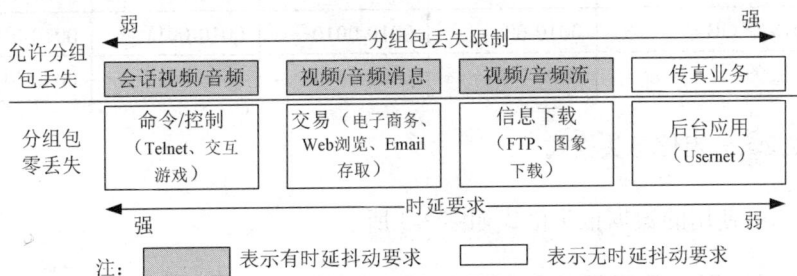

图 3-2　QoS 分析

这里通信量被分为两大类：有保证的服务 MG（More Guaranteed）和无保证的服务 LG（Less Guaranteed）。需要 MG 服务的分组是要保证可靠传输的分组，比如多媒体流中影响接收端的视频质量的重要信息或者控制信息分组；需要 LG 服务的分组不要求可靠传输的分组，比如支持重传的分组流（传统的 TCP 分组）。

没有 QoS 保证的传输划分到 LG 类，MG 又分为保证延迟 GD（Guaranteed-Delay）和保证带宽 GB（Guaranteed-Bandwidth）。属于 GD 的传输需要统计延迟界以及有限的包损失，在区分服务它符合 EF PHB 组。属于 GB 的传输仅需要有限的包损失，在区分服务它与 AF PHB 组相应。

对每种 MG、LG 服务，按照丢失率的高低划分优先级 MG[i] 和 LG[j]，$0<i\leqslant n$，$0<j\leqslant m$，相应地，各个服务优先级的丢失率为 loss(MG[i]) 和 loss(LG[i])。i 或者 j 越小，丢失优先级越高，即丢失率越低。这里需要实现：

Loss(MG[i])$\leqslant$Loss(LG[j])，$\forall\, 0<i\leqslant n, 0<j\leqslant m$

Loss(GD[i])<Loss(GD[j]),if i<j, 0<i≤n,0<j≤m

Loss(GB[i])<Loss(GB[j]),if i<j, 0<i≤n,0<j≤m

Loss(LG[i])<Loss(LG[j]),if i<j, 0<i≤n,0<j≤m

在分组头部设置 12 位（4 位保留）质量描述字段域。在分组头部指定位置设置区分服务类标记 DSID 与 MG[i] 和 LG[j] 相匹配，如表 3-1 所示。

表 3-1　区分服务类标记

服务类型 ＼ 丢失优先级	1	2	3	4
有保证服务 GD	0001-0001	0001-0010	0001-0011	0001-0100
有保证服务 GB	0010-0001	0010-0010	0010-0011	0010-0100
无保证服务 LG	0000-0001	0000-0010	0000-0011	0000-0100

3.2.2　分组信息头格式

通信中使用的数据报头格式如图 3-3 所示。

0　　…3	4…　7	…　　16	…　　24	…　　31
版本号	保留	服务类标识	流标识	
载荷长度			载荷类型	跳数限制
源接入标识 AID/交换路由标识 RID				
目的接入标识 AID/交换路由标识 RID				

图 3-3　数据报头格式

服务质量描述域为应用的多样性和服务的个性化、分组调度提供必要的决策依据。其中，接入标识和交换路由标识符的定义分别如图 3-4 和图 3-5 所示。其中，1+b+c+d≤128，1+l+m+n = 128。

1 位	b 位		c 位	d 位	
标识类型	子网身份识别		保　留	主机身份识别	
0	子网类型码	子网识别码		主机类型码	主机识别码

图 3-4　接入标识符定义

1 位	l 位		m 位		n 位		
标识类型	全局区域识别		特别用途识别		局部区域识别		
1	组织识别码	地区识别码	流量集结识别码	保留	局部域识别码	局部点识别码	AID索引

图 3-5　交换路由标识符定义

3.3　DS-CICQ 交换结构

对于 CICQ 交换结构，前人已经提出多种简单、高效的调度算法。这些研究虽然从理论上论证了 CICQ 交换结构具有提供 QoS 保障的能力，但它们仅关注如何获取高吞吐量和低时延，无法针对不同业务提供区分服务，为了更好地提供 QoS 保障，充分利用 CICQ 交换结构的分布式调度的优势，本文设计出支持区分服务的交换结构 DS-CICQ（Differentiated Services-CICQ）。通过在 CICQ 交换结构中引入支持区分服务的排队机制，结合 CICQ 交换结构的特点，并通过对已有调度算法进行深入分析，对比得知基于轮询设计的调度策略的算法复杂度仅为 O(l)，因而对于 CICQ 交换系统支持区分服务而言，是一类十分理想的调度模型。基于此，结合 DS-CICQ 交换结构，提出一种基于标识支持区分 QoS 的 CICQ（A Differentiated QoS Supporting and Dynamic Dual Dual Round Robin Scheduling Scheme Based on Identifier）调度机制，简称 ID-DDRR 调度算法。

DS-CICQ 采用 CICQ 交换结构为基本模型如图 3-6 所示，规模为 N×N，即包括 N 个输入端口以及 N 个输出端口。为了避免队头（HOL）阻塞问题，采用了虚拟输出排队 VOQ 机制。每个输入缓存队列在逻辑上被分为 N 个虚拟输出队列 VOQ，可以看出，由于交叉点缓存的引入，将整个交换结构从逻辑上划分为 N 个（N×1）和 N 个（1×N）规模的子交换结构，使得可以实现分布式调度策略。在每个输入端与输出端分别设置一个调度单元，共有 2N 个调度单元。这样每个调度器的设计就大大简化，扩展性也较好。

本文从这一基本结构出发，对其进行结构改进以支持区分服务。

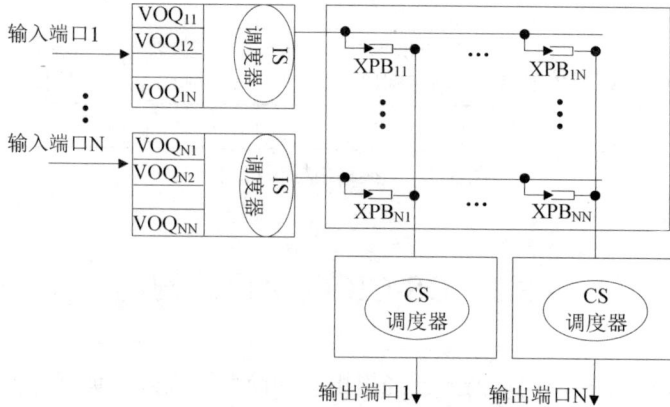

图 3-6　CICQ 交换结构

由于区分服务中定义了对应不同应用需求的多种类，为了提供满足不同应用需求的服务，每个虚拟输出队列 VoQ 在逻辑上被分成 P 个子虚拟队列，记为 Sub-VPQ，每个子虚拟队列用于缓存一个虚拟输出队列当中具有相同类的分组。带缓存交叉开关 XPB 内部的每个交叉节点队列相应的也分为 P 个子交叉点队列，记为 Sub-XPB。细分后的任意一个虚拟输出队列 voq 和交叉点队列 XPB 逻辑结构如图 3-7 所示。

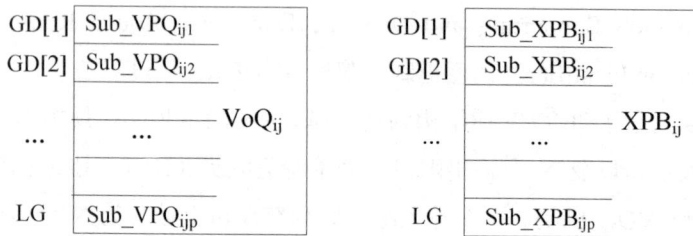

图 3-7　支持区分服务的 DS-CICQ 交换结构

● 相关符号定义：

VoQ_{ij}：标识输入端口为 i、输出端口为 j 的虚拟输出队列；

$Sub\text{-}VPQ_{ijp}$：标识虚拟输出队列 VOQ_{ij} 中对应 P 类业务的的子虚拟队列；

XPB_{ij}：标识输入端口为 i、输出端口为 j 的交叉节点缓存队列；

$Sub-XPB_{ijp}$：标识输入端口为 i、输出端口为 j 的交叉节点缓存队列中，对应 P 类业务的子交叉节点缓存队列，其中每个子交叉节点缓存队列可以缓存一个最长分组；

BA_p：代表任一输出端口 P 类业务流的预约带宽，它满足如下约束条件：

$$\sum_{p=1}^{P} BA_p = 1，\quad \sum_{p=1}^{P-1} BA_p < 1 \tag{1}$$

IN_{ip}：把 $VoQ_{i.}$（表示 1…N）中同一业务类 P 的子虚拟队列逻辑上归为一个集合 IN_{ip}，这样的集合有 P 个。例如 $IN_{i1}=\{Sub-VPQ_{i11}, Sub-VPQ_{i21}, … Sub-VPQ_{iN1}\}$。

OUT_{jp}：把 $XPB_{j.}$（表示 1…N）中同一业务类 P 的子交叉点缓存队列逻辑上归为一个集合 OUT_{jp}，这样的集合也有 P 个。例如 $OUTj1=\{Sub-XPB1j1, Sub-XPB2j1,…,Sub-XPB_{Nj1}\}$。

● DS-CICQ 结构与国内外同类工作相比主要优势：

Internet 同时面临两个问题：更快的交换速度和服务质量保障。近年来，虽然交叉点缓存交换机 CICQ 被认为是一种解决这两个问题的理想架构。通过在交叉点加少量的缓存，各个输入端口和输出端口的调度器可以相互独立地工作，大大简化了交换机的调度算法，这种分布式的调度机制非常有助于实现支持 QoS 的高速交换机。但交叉点缓存交换机不支持区分 QoS，DS-CICQ 是在交叉点缓存交换机中部署区分 QoS。DS-CICQ 支持区分 QoS 特性：保证 GD、保证 GB、LG 业务，并且 DS- CICQ 是可扩展的。在后续章节中，我们把 DS-CICQ 进行扩展用于并行交换中。

3.4　ID-DDRR 调度算法

3.4.1　带宽分配方案

每个输出端口的带宽被划分为两部分：预留带宽与剩余带宽。我们提出的基于标识的新算法 ID-DDRR 采用基于预约带宽约束的流控机制，可以根据不同类型业务的预约带宽实现 MG 业务与 LG 之间的带宽分配流量控制机制。输出调度的优先级指针通过周期性对 P 类业务统计带宽 B_p 和预约带宽值 $BA_p = T \times CIR(p)$ 的比较进行更新。

GD 类是享有最高级别的服务类型，为 GD 业务规定了一个峰值服务速率 PIR，交叉节点缓存之间与输出端口之间为防止过于贪心的 GD 业务服务，超过该峰值服务速率的服务请求就会被拒绝。同时还为 GD 业务规定一个预约承诺服务速率（Committed Information Rate，CIR），记为 CIR(p)。GB 类享有确保最低带宽的服务。根据所提供带宽比例的不同，对于 GB 业务而言，为每类也规定了一个最低服务速率 CIR；GB 类只要求保证带宽和丢失率，不涉及延迟和抖动，其服务原则是无论网络是否发生了拥塞，用户都能至少得到所约定的最低限量的带宽。为了避免 LG 业务产生"饥饿"现象，在满足 GD 和 GB 业务时，将网络剩余带宽分配给 GB 和 LG 业务。

采用基于预约带宽约束的流量控制机制。为每个 GB 业务分配一个计数器，以一个固定时长为间隔，周期性地对不同种类的 GB 业务在一个时间周期内已获得的输出带宽进行统计，周期 T 的选取要求与最小预约带宽的乘积至少大于一个最大包长 L_{MAX}，即 $T \times CIR(p) > L_{MAX}$。在每一个周期 T 的初始时刻，所有 GB 业务的计数器被清零并开始计数。对于 GD 业务，采用基于周期统计进行流量控制会增大 GD 业务的时延抖动，因此为 GD 业务分配的计数器从初始时刻开始进行持续计数。

输出调度的业务优先级指针通过周期性对 P 类业务统计带宽 B_p 和预约带宽值 $BA_p = T \times CIR(p)$ 的比较进行更新。在任意时刻 t，优先级指针指向 GD[1]业务服务时，即 p=1 时，如果 $B_1 > t \times PIR$，则优先级指针更新至 p=2，指向 GD[2]业务服务，如果 $B_2 > BA_2$，则优先级指针更新至 p=3，同时检查是否 $B_1 > BA_1$，若不是，则优先级指针不动，但调度器转去为 GD[1]业务服务，一旦出现 $B_1 > t \times PIR$，则再转回优先级指针当前处服务，依此类推。每个交叉节点缓存队列只能缓存 1 个最长包，因此在输出端基于预约带宽约束进行流量控制，会很快导致交叉节点缓存队列被写满，从而反馈到输入端口，实现基于预约带宽约束的流量控制。ID-DDRR 调度算法采用这一流控机制，可以根据不同类型业务的预约带宽实现 GD 业务与 GB

业务以及 LG 之间的带宽分配，以下分输入调度和输出调度两个部分对 ID-DDRR 调度算法进行描述。

3.4.2　两个调度阶段

整个 CICQ 交换结构的调度过程被分为两个阶段：输入调度 IS 和交叉点调度 CS。在输入调度阶段，每个 IS 调度单元独立地进行仲裁，从其输入端口 N 个 VOQ 队列中按照一定规则轮询，并选出当前要调度的 Sub-VPQ$_{ijp}$，并将其队头分组送到相应的子交叉点缓存队列 Sub-XPB；在交叉点调度阶段，每个 CS 调度单元从对应的 N 个 XPB 队列中按照一定规则轮询，并选出 Sub-XPB$_{ijp}$，将其队头分组发送到外部链路。所有的 IS 和 CS 调度单元都可以分布式并行工作。与单级的虚拟排队机制相比，采用这一层次化的虚拟排队机制，使基于集合轮询的优先级轮询队列和基于端口子轮询队列可以并行轮询，减少了轮询判决所花费的时间，从而可以应用于更高速的工作环境中。

● IS 调度阶段

为防止分组溢出，在输入端口与交叉节点缓存之间要采用流量控制机制。采用基于份额的方法，只有轮询到的子虚拟优先级队列非空并且份额（份额为子虚拟优先级队列长度与子点交叉点缓存队列长度相关的函数）不为零的 Sub-VPQ 才允许被调度到对应的子交叉点缓冲区队列，简记符合这种条件的输入队列为 EVPQ（Eligible VPQ）。

对于某一输入端口 i 的调度器，为每个集合 IN$_{ip}$ 设置主指针 Mpointp 和辅指针 Apointp，分别指向不同的 Sub-VPQ$_{ikp}$（1≤k≤N），如图 3-8 所示，例如，主指针指向 Sub-VPQ$_{i1p}$，辅指针指向 Sub-VPQ$_{ikp}$（1<k≤N）。因为有 P 个服务类集合，设置一个优先级指针 Ppoint，在 P 个集合之间进行大轮询。起始状态 Ppoint 指向 IN$_{i1}$，即 P=1 指向 GD[1]业务。集合 IN$_{i1}$ 主指针 Mpoint1 指向 Sub-VPQ$_{i11}$，辅指针 Apoint1 指向 Sub-VPQ$_{ik1}$。不同集合 IN$_{ip}$ 中辅指针位置可以不同。

IS 调度的基本思想是在每个输入端口 i 中为每个集合 IN$_{ip}$ 维护主辅两个轮询指针和一个份额计数器，每个输入端口 i 中维护一个优先级指针在不同类业务间轮询。根据子优先级虚拟输出队列和对应子交叉点缓存队列的状态以及优先级为其分配一定调度份额，当服务份额达到调度份额时，指针转向下一个子优先级虚拟输出队列。由于调度份额是基于当前系统中子优先级虚拟输出队列和交叉点缓存队列的实时状态得到的，这样就保证了去往不同目的端口同类业务调度的公平性，并可以动态适应流量分布多变的网络环境，同时保证不同类业务的优先级需求。

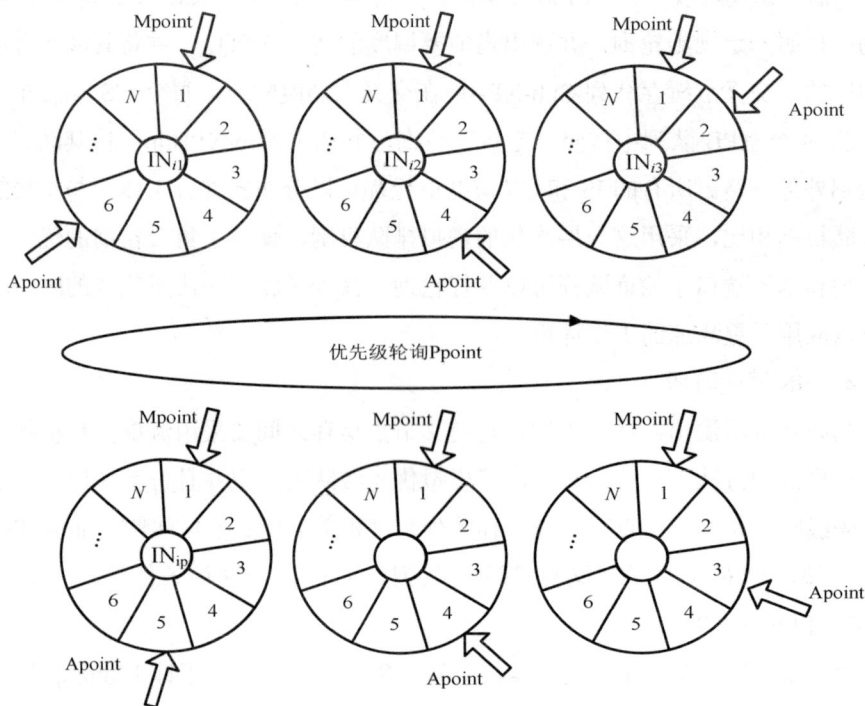

图 3-8　优先级双轮询调度策略

- CS 调度阶段

交叉节点缓存之间与输出端口之间为防止过于贪心的 GD 业务服务，并避免 LG 业务被"饿死"，采用一定的带宽控制机制。只有轮询到的子交叉缓存队列非空并且份额（份额为子点交叉点缓存队列长度与预约带宽的相关函数）不为零的 Sub-XPB 才允许被调度输出，简记符合这种条件的交叉点缓存队列为 EXPB （eligible XPB）。

对于任一输出端口 j 的调度器，为每个集合 OUT_{jp} 设置指针 Mpointp 指向 $Sub\text{-}XPB_{kjp}$（$1{\leqslant}k{\leqslant}N$）；设置一个监视器，周期监控 GD 业务是否统计带宽已小于预约带宽 $B_1< BA_1$，若小于，监视器置 1 提示；因为也有 P 个服务类集合，设置一个优先级指针 Ppoint，在 P 个集合之间进行大轮询。起始状态 Ppoint 指向 OUT_{j1}，即 P=1 指向 GD[1]业务，指针 Mpoint1 指向 $Sub\text{-}XPB_{1j1}$。

CS 调度的基本思想是在每个输出端口 j 中为每个集合 OUT_{jp} 维护一个轮询指针和一个份额计数器，每个输出端口 j 中维护一个优先级指针在不同类业务间轮询。根据子交叉点缓存队列的长度和统计带宽与预约带宽的关系，以及优先级为其分配一定调度份额，当服务份额达到调度份额时，指针转向下一个子交叉点缓存队列。由于达到带宽要求就会更新优先级指针，优先级指针更新时实时检查是否保证 GD 业务的带宽，所以可以使 GD 类享有最高级别的服务类型，GB 类享有确保最低带宽的服务，同时避免 LG 业务产生被"饿死"现象。

3.4.3 关于份额函数

设 函 数 occupancy(EVPQ,t) 返回该 EVPQ 在时隙 t 时的队长；函数 occupancy(EXPB,t)返回该 EXPB 在时隙 t 时的队长；记 EVPQ 对应 Sub-XPB 的队列容量为 C；P 类业务统计带宽为 Bp；不同业务优先级系数不同。

（1）当 $0{\leqslant}occupancy(EXPB,t)<C$ 时

IS_Quantum (EVPQ,t) = (occupancy(EVPQ,t)/2) ×优先级系数

（2）当 Bp< BAp 时

CS_Quantum（EXPB,t）=(occupancy(EXPB,t)/2) ×优先级系数

3.4.4 ID-DDRR 算法描述

ID-DDRR 调度算法描述仍分为 IS 和 CS 两阶段进行。

（1）IS 调度阶段

图 3-9 为调度过程中的主辅指针轮转示意图。IS 调度阶段算法流程如图 3-10 所示。

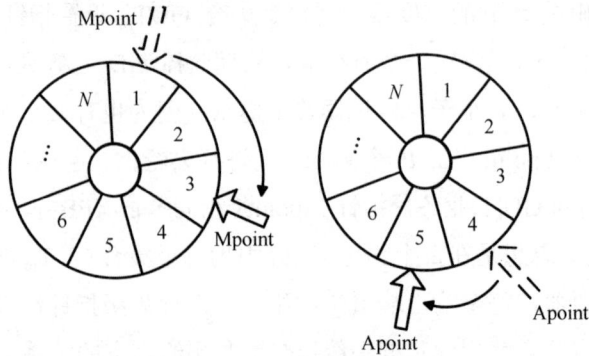

图 3-9　主辅指针轮转图

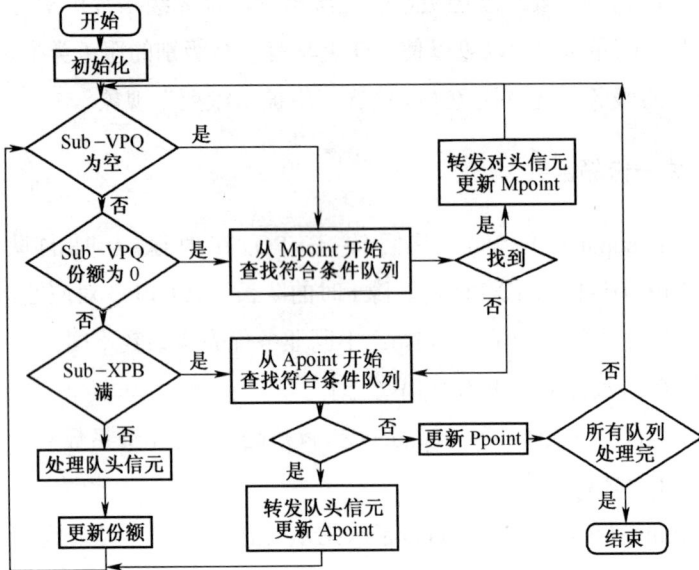

图 3-10　IS 调度阶段算法流程

IS 调度策略为：优先调度 MG[i]类业务；然后调度 LG[i]类业务。

下面以输入端口 i 为例，描述算法：

首先调度 MG[i]业务中的 GD[1]类业务。

1）若 Sub-VPQ$_{i11}$∈EVPQ，份额取值为函数 IS_Quantum (EVPQ,t)不为 0，则 Sub-VPQ$_{i11}$ 输出队首分组字节到对应的子交叉点缓存队列 Sub-XPB$_{i11}$，Sub-VPQ$_{i11}$

份额减 1，主指针 Mpoint1 保持不变；IS 调度器持续为此 Sub-VPQ 服务，直到份额为 0 或 Sub-VPQ$_{i11}$ $\notin$ EVPQ。

2）若 Sub-VPQ$_{i11}$ $\in$ EVPQ，份额不为 0，但对应子交叉点缓存队列已满，则从辅指针的位置开始按照轮转的方式寻找 EVPQ，如果找到，则该 EVPQ 的队首分组字节被发送至相应的子交叉点缓冲区，并将辅指针移向下一个位置；如果没有找到，则辅指针 Apoint1 保持不变。

3）若 Sub-VPQ$_{i11}$ 份额为 0，按照轮转的方式从 GD[1]业务 IN$_{i1}$（VOQ$_i$.（i 为 1…N）中同一服务类的子虚拟队列逻辑上归为一个集合 IN$_{ip}$）的下一个 Sub-VPQ 寻找 EVPQ，如果找到，则该 EVPQ 的队首分组字节被发送至子交叉点缓冲区，将主指针指向此队列，并且 EVPQ 的份额取值为函数 IS_Quantum (EVPQ,t)，IS 调度器为此 Sub-VPQ 服务；如果没找到 EVPQ，则主指针 Mpoint1 保持不变。

4）若所有 IN$_{i1}$ 中 Sub-VPQ 份额为 0 或对应子交叉点缓存队列均已满，则优先级指针 Ppoint 指向 IN$_{i2}$，即指向 GD[2]类业务。

5）调度 GB 类和 LG 类业务时，也如 1）～4）进行。

（2）CS 调度阶段

CS 调度阶段算法流程如图 3-11 所示。

下面以输出端口 j 为例，描述算法：

1）若 Sub-XPB1j1 $\in$ EXPB，份额取值函数 CS_Quantum (EXPB,t)不为 0，则 Sub-XPB1j1 输出队首分组字节到端口 j，Sub-XPB1j1 份额减 1，指针 Mpoint1 保持不变；CS 调度器持续为此 Sub-XPB 服务，直到份额为 0 或 Sub-XPB1j1 $\notin$ EXPB。

2）若 Sub-XPB1j1 份额为 0，按照轮转的方式从 GD[1]业务 OUTj1（把 XPBj.（j 为 1…N）中同一业务类的子交叉点缓存队列逻辑上归为一个集合）中的下一个 Sub-XPB 寻找 EXPB，如果找到，指针 Mpoint1 指向此队列，则该 EXPB 的队首分组字节被发送至端口 j，并且 EXPB 的份额取值为函数 CS_Quantum (EXPB,t)，CS 调度器为此 Sub-XPB 服务；如果没找到，则指针 Mpoint1 保持不变。

3）若 Sub-XPB1j1 $\in$ EXPB，份额不为 0，但统计带宽已大于预约带宽，则指针 Mpoint1 保持不变，下一次轮询到此集合，以此指针为起点开始服务。更新优先级指针 Ppoint 指向下一个优先级集合 OUTj2（即 GD[2]业务）。

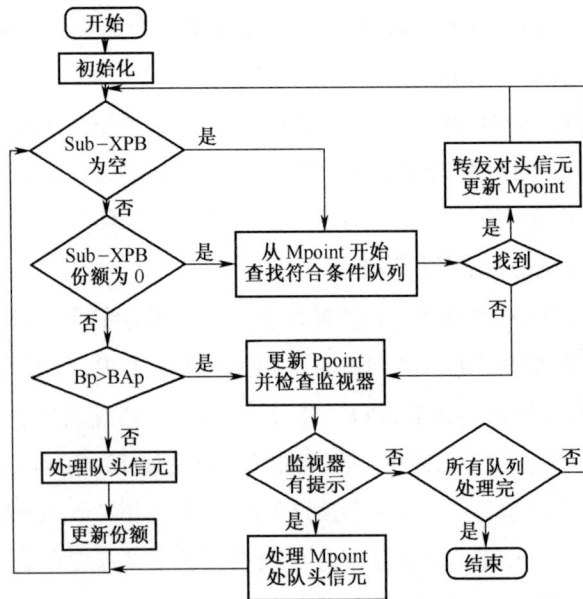

图 3-11　CS 调度阶段算法流程

4）若所有 OUTj1（即 GD[1]业务）中的 Sub-XPB 份额为 0 或统计带宽已大于预约带宽，则 Ppoint 指向 OUTj2，即指向 GD[2]业务。

5）当每次更新优先级指针 Ppoint 指向下一个优先级集合 OUTjp 后，首先检查有无监视器提示，若有，则优先保证先转去为 OUTj1（即 GD[1]服务），服务完后转向 Ppoint 所指向的优先级集合服务。

3.5　性能评估

我们将从算法理论分析和算法仿真实验结果分析两个方面分别对其进行性能评估。

3.5.1　算法理论分析

目前针对数据包分类的研究仅能支持根据五元组（源/目的 IP、源/目的端口、传输层协议号）进行分类。然而，仅在 TCP 层识别业务是不够准确的。比如目前流行的 P2P 业务，它们往往采用动态端口技术，甚至采用与 Web 业务相同的 80 端口，传统交换无法准确地识别出这类数据包的业务类型。本文提出的调度机制采用基于标识和预约带宽约束的流量控制机制，避免了对数据包的深度解析，能对不同的业务类进行感知；为实现所有预约带宽在 GD 业务与 GB 业务之间的分配，在输入调度阶段采用不同优先级系数，通过分配不同份额的方法，在输出调度阶段采用不同优先级系数分配不同份额和监视器监视带宽提示双重优先级调度机制为 GD 业务提供低延迟服务，不仅能有效处理不同业务类的突发数据，比较迅速地缓解网络的拥塞状况，而且又保持了各优先业务类的相对公平性。实现了算法的设计目标。实现机制简单。

3.5.2　算法公平性证明

公平性是指链路带宽必须以公平合理的方式分配给共享链路带宽的所有业务流，并且应该可以隔离不同的业务流，这样即便发生高突发型业务，也不致于影响其他正常业务流。所有的输入队列都应能够得到服务，而不应该出现"饿死"（starvation）情况的发生。单位时间内，不同业务流由于约定的服务速率不同因而获得的服务量也不相同，因此通常采用归一化服务量（单位时间的服务量与其分配服务速率的比值）——服务公平指数（Service Fairness Index，SFI）来衡量。

对于任意一种调度算法，第 p 个业务流的服务公平指数定义为第 p 个业务流获得的实际带宽比 FQ 和理想带宽比 IFQ 的比值，公平指数越接近 1，说明调度算法公平性越好。

由于在不同类业务中，LG 业务没有预约带宽，只需为其提供尽力而为的服务，因此本文仅讨论所有预约带宽在 GD 业务和所有 GB 业务之间分配的公平性。由于仅当交换结构处于拥塞导致不同业务流存在带宽争用时才需要考虑公平性，以下我们简单地假设输出端口 j 所有 GD 业务和 GB 业务的到达速率均超出其预约带宽。令 ST_p 为第 1~n 个周期优先级为 p 的不同类业务获得预约带宽的字节数，ST 为第 1~n 个周期所有 GD 业务和 GB 业务获得预约带宽的字节数。对端口 j，优先级为 p 的业务获得的实际带宽比、理想带宽比以及公平指数分别在式（2）~式（4）中定义：

$$FQ_p = \frac{ST_p}{ST} \tag{2}$$

$$IFQ_p = \frac{BA_p}{\sum\limits_{p=1}^{P-1} BA_p} \tag{3}$$

$$SFI_p = \frac{FQ_p}{IFQ_p} \tag{4}$$

任何一种优先级的业务，在一个周期中应该获得预约带宽和实际获得的预约带宽的字节数之差最大为 L_{MAX}。所以：

$$n \cdot BA_p \leqslant ST_p \leqslant n \cdot BA_p + n \cdot L_{MAX} \tag{5}$$

$$n \cdot \sum\limits_{p=1}^{P-1} BA_p \leqslant ST \leqslant n \cdot \sum\limits_{p=1}^{P-1} BA_p + n(P-1)L_{MAX} \tag{6}$$

$$\frac{\sum\limits_{p=1}^{P-1} BA_p}{\sum\limits_{p=1}^{P-1} BA_p + (p-1)L_{MAX}} \leqslant SFI_p = \frac{FQ_p}{IFQ_p} \leqslant \frac{BA_p + L_{MAX}}{BA_p} \tag{7}$$

因此，在实际应用中，预约带宽值 $BA_p = T \times CIR（p）$ 会远大于一个最大包长 L_{MAX}，服务公平指数 SFI 将接近于 1，因此该调度算法具有良好的公平性。这一特性将在仿真分析中得到进一步验证。

3.5.3　算法仿真实验分析

我们使用 C++面向对象技术开发了模拟仿真交换环境。开发的模型包括基于 OQ 结构的 PQWRR、基于 IQ 结构的 DDS、基于 DS-CICQ 结构的 ID-DDRR。其中，输入流量模型直接借鉴了 SIM 模拟器[98]。仿真从公平性和有效性两个方面对 ID-DDRR 调度算法进行性能验证，公平性通过带宽分配衡量，有效性通过平均时延衡量。

仿真假定到达报文为定长的信元（Cell），业务到达过程通过 ON-OFF 模型产生，突发长度为 32，目的端口分布采用均匀分布（Uniform）和非均匀分布（Hotspot）两种，每个输入端口 GD、GB 和 LG 业务的比例依次为 30%、50%、20%，CIR

依次设置为 0.30、0.50、0.20，负载从 0.1 变化到 1。在验证带宽分配性能时采用 4×4 交换结构，同时让所有输入端口到达的业务量去往同一个输出端口，以产生过载环境，在验证时延性能时采用 16×16 的交换结构，对于 DDS 算法，迭代次数为 4，仿真所采用的时间单位为传送一个 Cell 所需的时间，也称为一个时隙，单次仿真周期为 10^4 时隙。

图 3-12 为 3 种算法的带宽分配情况。由图可知，当负载低于 0.3 时，各业务在 3 种算法下所获得的实际带宽均与其到达速率相当，GD 业务还没受其峰值速率的限制，当负载大于 0.3 时，PQWRR 算法中过载的 GD 业务依然没有受到其峰值速率的限制，导致其去抢占其他业务的带宽，造成 GB 业务所获得的带宽急剧减少，而 LG 业务在高负载时几乎得不到带宽，会产生"饿死"现象。而在 ID-DDRR 算法和 DDS 算法中，GD 业务则受到其峰值速率的限制，保证了 GB 业务的带宽不被抢夺，也避免了 LG 业务的"饿死"现象。两者带宽分配性能相近，具有较好的公平性，但 ID-DDRR 算法基于 CICQ 结构设计，采用并行和分布式处理方式，实现复杂度要低于 DDS。

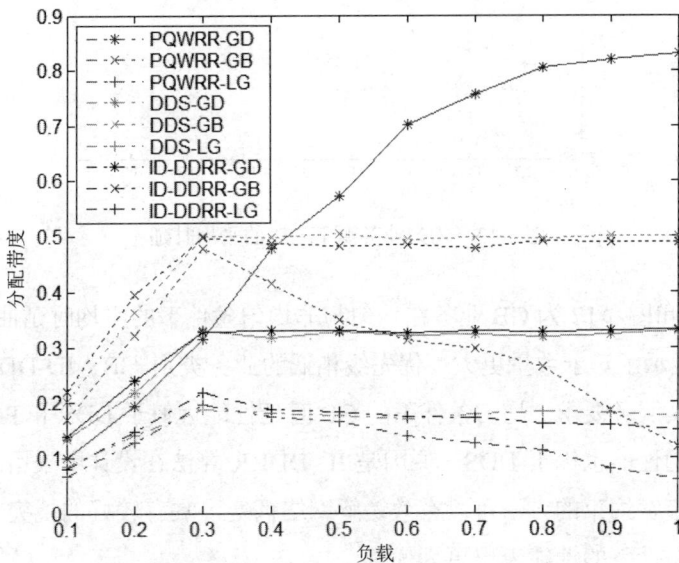

图 3-12 PQWRR、DDS、ID-DDRR 带宽分配对比

　　图 3-13 和图 3-14 分别为 GD 业务在均匀和非均匀条件下，在 3 种算法中的平均时延曲线，图 3-15 为 GD 业务在均匀和非均匀条件下负载为 0.7 时的时延抖动分布。从图 3-13 和图 3-14 可以看到，在均匀条件下，在 3 种算法中，GD 业务的时延性能比较相似。在非均匀条件下，当负载小于 0.3 时，3 种算法的时延性能也较相近；当负载大于 0.3 时，ID-DDRR 算法的时延性能要好于 DDS 算法，尤其当负载大于 0.9 时，ID-DDRR 算法的优势更为明显，图 3-15 则说明，超过 90% 的 GD 业务的时延抖动小于 1.5 个时隙，3 种算法下的 GD 业务都能得到稳定的服务，在非均匀条件下，ID-DDRR 算法的稳定性能优于 DDS 算法。

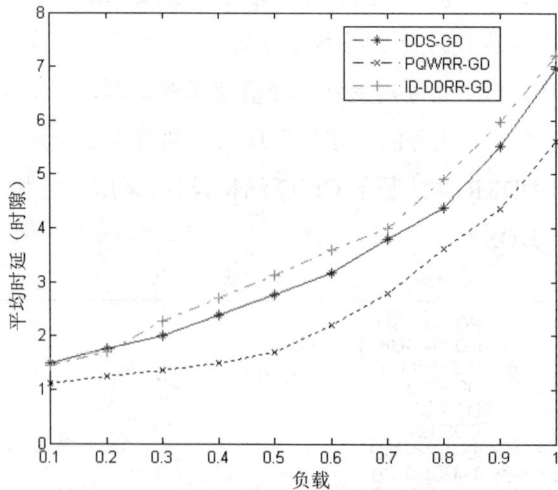

图 3-13　均匀业务源下 GD 的平均时延

　　图 3-16 和图 3-17 为 GB 业务在均匀与非均匀条件下的平均时延曲线。图 3-16 和图 3-17 显示了对于数量更大、优先级稍低的业务类别 GB，ID-DDRR 算法依然能够满足其服务要求。均匀条件下的 GB 时延性能近似于 DDS 和 PQWRR，非均匀条件下的性能也优于 DDS。原因是 ID-DDRR 算法在设计中采用的基于份额和基于预约带宽约束的方法可以有效缓解网络拥塞，具有较好的抗突发性能，所以在非均匀条件下的性能表现更为优越。

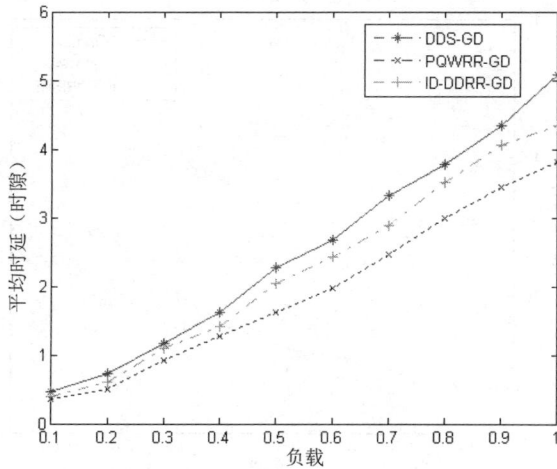

图 3-14　非均匀业务源下 GD 的平均时延

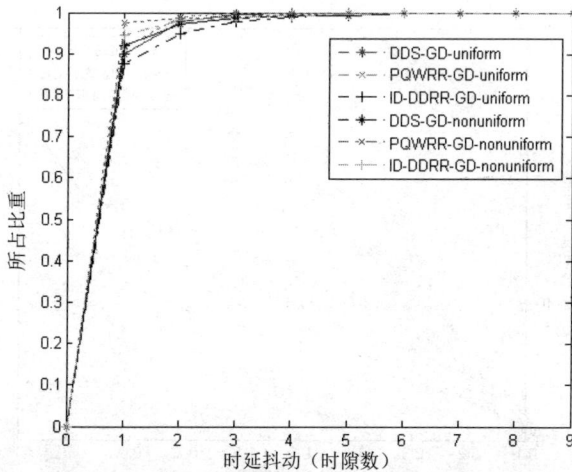

图 3-15　均匀、非均匀业务源下 GD 的时延抖动

　　综合以上公平性和有效性的仿真结果可以得出：ID-DDRR 算法是有效的，在 CICQ 交换结构下，此算法能够稳定运行，为不同优先级的业务类别提供公平的、保障 QoS 的传输服务，基于标识的业务分类方法使得 ID-DDRR 算法能够更为精细地区分不同业务类别，从而为不同类别的业务提供更好的 QoS 保障。并且比其他两种算法更易于在高速环境下通过硬件实现。

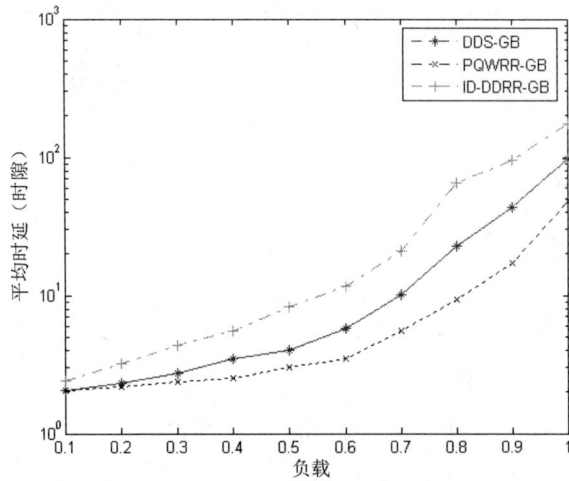

图 3-16　均匀业务源下 GB 的平均时延图

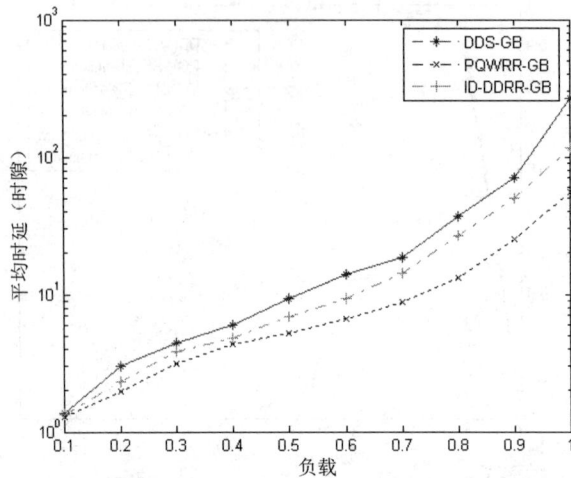

图 3-17　非均匀业务源下 GB 的平均时延

3.6　本章小结

在第二章提出的基于标识交换的基础上，本章重点研究了一种基于标识支持区分 QoS 的 CICQ 调度机制。利用现有的 CICQ 交换结构进行改进，设计出支持区分服务的 DS-CICQ 交换结构，提出一种基于标识支持区分 QoS 的 CICQ 调度算法 ID-DDRR，并通过理论分析对其公平性进行了验证。ID-DDRR 算法能够为数据分组提供不同层次的服务保证，能够实现所有预约带宽在 GD 业务与 GB 业务及 LG 之间的分配；在不同类业务和不同输出端口采用双轮询调度机制，算法复杂度低，硬件实现简单。通过理论分析和仿真实验一致说明，ID-DDRR 算法具有良好的时延性能和公平特性，与现有算法相比，能够更好地支持区分 QoS 服务。

下一章中，对于提出的基于标识支持区分服务的调度机制，尝试应用于并行分组交换结构 PPS，以求在并行分组交换结构中支持不同类的服务需求，满足大容量和对多种网络业务提供良好的 QoS 保障。

参考文献：

[1] 王浩学，汪斌强，兰巨龙等. 基于开放可重构路由交换平台的新型网络体系[J]. 电信科学.2008，24(7):4-448.

[2] K Yoshigoe, K J Christensen. An evolution to crossbar switches with virtual outout queuing and buffered cross poionts[J], IEEE, Networks, 2003,17(5):48-56.

[3] 李勇，罗军舟，吴俊. 一种交叉点小缓存 CICQ 交换机高性能调度算法[J]. 计算机研究与发展.2006，43(12):2033-2040.

[4] 扈红超，伊鹏，郭云飞等. 一种公平服务的动态轮询调度算法[J]. 软件学报.2008，19(7):1856-1864.

[5] 伊鹏，汪斌强，陈庶樵等. 一种交错编码的多重门限调度算法[J]. 软件学报.2009，20(8):2289-2297.

[6] Braden R,Clark D,Shenker S. Integrated Services in the Internet Architecture: an Overview [EB/OL].http://www.ietf.org/rfc/rfcl633.txt, 2008-06-20.

[7] He S,Sun S,Guan H,et al. On guaranted smooth switching for bufered crossbar switches [J]. IEEE/ACM Transactions on Networking,2008,16(3):718-731.

[8] Pakdeepinit P,Yeophantong T,Chen P,et al. Balancing secondary trafic metering for DifServ assured forwarding classes[C]. 15th IEEE Intemational Conference on Networks, Adelaide, SA,2007:406-411.

[9]　　Braden R. Zhang L, Berson S, et al. Resource reservation Protocol(RSVP)-version 1, Function specification. RFC 2205, Sep 1997.

[10]　Carlon M, Wesis W, Blake S, et al. An architecture for differentiated services. RFC 2475, Dec 1998.

[11]　S.Shenker,C.Paritridge,R.Guerin. Specification of Guaranteed Quality of Scrvice, RFC 2212,1997.9.

[12]　J. Wroclawski. Specification of the Controlled-Load Network Element Service, RFC2211, 1997.9.

[13]　Mao J,Moh WM, Wei B. PQWRR scheduling algorithm in supporting of DiffServ[C]. In.Proc.of the ICC,Vol.3.2001:679-684.

[14]　Yang M,Lu E,Zheng SQ. Scheduling with dynamic bandwidth share for DiffServ classes[C]. In Proc.of the ICCCN,2003:319-324..

[15]　Yang M,Wang J,Lu E,et al. Hierarchical scheduling for DiffServ classes[C]. In Proc of the IEEE GLOBECOM, Vol.2, 2004:707-712.

[16]　N. SEITZ. ITU-T QoS Standards for IP-based Networks[J], IEEE Commun Mag, 2003.6:82-89.

[17]　Stanford Univercity. SIM manual[R]. http://klamath.stanford.edu/tools/SIM/, 2007, 10.

第四章　基于标识支持区分 QoS 的 PPS 解决方案 PSVIOQ-CICQ

本章在对现有 PPS 机制分析研究的基础上，从全新的角度考虑问题，提出基于标识支持区分 QoS 的新型 PPS 解决方案 PSVIOQ-CICQ。系统以业务类为单位管理网络数据流，采用在输出缓存引入 VIQ 队列结构的办法保证信元的传输顺序，基于此设计的负载均衡器和分组整合器的调度算法，能够为不同服务需求的业务提供 QoS 支持。理论分析和仿真实验表明，新方案不仅实现了保序功能，同时能对不同的业务类提供有效的区分 QoS 保证。

4.1　引言

当前，数据网络的发展面临两大挑战性的问题，要求交换设备：一是提供大的交换容量，二是对多种网络业务提供良好的 QoS 保障。

并行交换结构的并行工作原理和负载平衡特性使得属于同一流的分组或者信元被分散到多个交换模块进行处理，在输出端口，其先后顺序无法得到保证。目前公开的文献中至少有两类措施可以纠正失序问题：第一类措施是在低速交换模块中建立整形机制[1]，但这种办法不能解决在输出端口失序的问题；第二类措施是在输出端口设置大容量的缓存以便重新恢复包的先后顺序，例如输出排队 OQ[2] 和单级虚拟输入排队 VIQ[13-14]，但是该方法可能导致 HOL 阻塞。此外还存在其他保序技术，例如两级交换的 3DQ 缓存技术[5,15]，但是这些技术并不适用于并行交换结构。

并行交换 PPS[3-4,6-9,1]在过去几年里一直被认为是降低交换系统存储带宽需求、提高交换速率及交换容量的有力手段，但 PPS 不支持区分 QoS。PPS 设计存在的主要问题是：如何以较低的通信开销保持每条流报文的顺序，同时对不同业务需求提供 QoS 保证，使得 PPS 系统易于实现。

在第三章中，我们将标识的概念引入交换结构，利用 CICQ 分布式调度的特性，提出一种基于标识支持区分 QoS 的 CICQ 调度算法 ID-DDRR。理论分析和仿真实验一致说明，ID-DDRR 算法具有良好的时延性能和公平特性，能够更好地支持区分 QoS 服务。基于此，本章将其应用于并行分组交换结构 PPS，我们主要考虑 PPS 交换机制上如何满足多类业务的性能需要。针对并行交换中的保序问题以及支持不同类的服务需求问题展开研究，提出基于标识支持区分 QoS 的新型 PPS 解决方案，从而满足大容量和对多种网络业务提供良好的 QoS 保障。

4.2 并行交换现状分析

1. 并行分组交换结构 PPS

美国 Stanford 大学的 Sundar Iyer 和 Nick McKeown 首先提出由多个低速交换单元构建的并行分组交换结构 PPS。PPS 通过引入反向复用系统（Inverse-Multiplexing）和业务分配（Load-Balancing）理论，使用并行处理机制，把极大的交换负载均衡地分配到多个小型交换结构上。其核心思想是通过多个容量较小的交换结构的并行处理来组建一个超大容量的交换结构，通过输入端口进行业务分配实现负载均衡，在各个小型交换结构中进行并行处理，然后通过输出端口的汇聚，使其等效或模拟一个输出排队的交换结构，使得存储器随机存取速率低于端口速率，而且拥有很好的扩展性。它能够克服单级 Crossbar 的缺点，因而更适于 T 比特路由器。图 4-1 所示为一种典型的 PPS 交换结构。

PPS 其实是一个三阶段的 Clos 网络，系统包含 N 个速率为 R 的输入端口和 N 个速率为 R 的输出端口，PPS 分为三个部分：

- 解复用器（Demultiplexer）：每个输入端口包含一个解复用器，用于把传输线路上的高速率流量分割为低速率流量，然后在低速率条件下进行交换处理。
- 中间交换平面：PPS 的交换模块由 K 个核心交换单元组成，每个核心交换结构为 N×N 低速率交换结构,输入端口把解复用之后的数据流量分配给各个交换单元进行处理。它的端口速率为 r=S×R/K（S 是加速比），中间的交换单元可以使用 OQ、IQ、CIOQ 或 CICQ 等交换结构中的任一种。

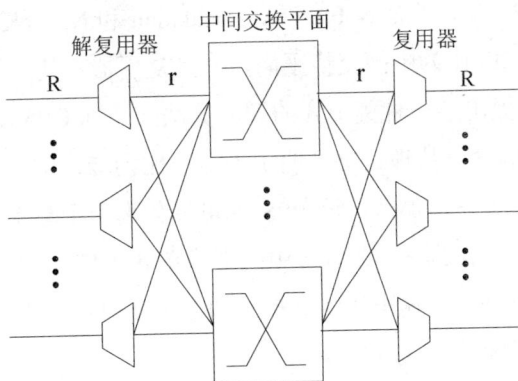

图 4-1   PPS 交换结构

● 复用器（Multiplexer）：复用器的作用是把交换模块中的交换单元发送过来的低速率数据流量重组成高速率流量，然后送出 PPS。

PPS 技术是一种交换机的降速技术，它能增加高速交换机的可行性。

但 PPS 交换机的一个主要问题是：如何将数据包解复用到各个中心交换平面。

主要的方法有两种：

● 数据包被独立地转发到各交换平面当中。

● 到达的分组以流的形式转发到各交换平面。

对于数据包被独立转发到中心交换平面的方法，它要解决三个问题：

● 在解复用过程中，如何将数据包无阻塞地转发到各中心交换平面。

● 如何保持包的顺序。

● 如何保证 QoS。

2. 并行分组交换结构现状分析

在器件技术受限的情况下，如何构建超大容量的高性能分组交换系统是一个日益突出的问题，PPS 思想的提出为解决该难题提供了一个较为理想的途径。

关于并行分组交换，在交换结构的创新设计[15-18]和理论研究[19-23]等方面，已经有很多的研究成果。由于本章重点要解决交换技术研究在支持高速率大容量、服务质量保证等方面的问题，所以下面主要对并行分组交换在这两方面的研究进展进行介绍。

最开始提出 PPS 概念的是 S. Iyer，A. Awadallah 和 N. McKeown，他们提出的 PPS 交换结构使用 OQ 作为中间交换平面，并且复用器不使用任何缓存。

2000 年，Iyer 提出了一种集中式的调度算法（简称 CPA），在文献[7]中，作者运用约束集合的概念，从理论上证明了当加速比为 2，即每一中间交换单元都以 2R/k 的线路速率工作，那么，该 PPS 就可以仿真一个基于 FCFS 调度策略的 OQ 交换机；如果加速比为 3，即每一中间交换单元工作于 3R/k 的线路速率，该 PPS 就可以仿真一个 PIFO 输出排队交换结构，也就可以仿真任何 QoS 排队调度规则，从而能够提供确保的 QoS。

上述结论看上去非常完美，但只具有理论上的意义。这种理论体系存在三方面的不足：

- 集中式的调度器需要搜集各个解复用器（复用器）的信息，具有较高的通信复杂度为 O(NlogN+ 2NlogK+NK) [4]，硬件实现复杂，需要了解全局的状态信息，它的通信开销和计算复杂度都很大，不可能在实际中得到应用；

- 没有将通信量均匀地分发到各个中心交换机中去，所以会导致某些中心交换机缓冲区的利用率较低；

- 该系统需要加速才能实现 QoS 保证，这限制了 PPS 交换机的线速进一步提高，在硬件实现上也有较高的复杂度。

因此，算法本身的局限性和工程实现的难度使其一般不适于较大规模的分组交换设备。

为了解决这些问题，在 2001 年，S.Iyer 和 N. McKeown 提出了一种在解复用器和复用器中都加有少量缓存的 PPS 结构[10]。这样就可以去除对集中调度算法的需要，而采用计算量和通信复杂度都较小的分布式负载分担算法（简称 DPA），它具有以下特点：

- 每个解复用器，按照轮转的方式将属于同一个端口级流的信元均匀的发送到各个中心交换机中去。通过这种轮转方式，可以有效提高各个中心交换机缓冲区的利用率。另外，由于内部链路速率小于线速率，为了避免丢包的发生，每个解复用器需要设置 k 个缓冲区，每个缓冲区与中心交换机一一对应。
- 由于属于同一个流的信元可以经过不同的中心交换机，这样就会由于不同的排队延迟而导致信元失序，所以在每个复用器处需要设置重排序缓冲区，以解决信元失序问题。此算法 PPS 不能仿真 FCFS-OQ 交换结构，因而不能提供 QoS 保证[11]。

此外，复用器存在"死锁"现象（没有任何信元可以读出而不违反报文流的顺序）难以实现信元按序发送。文献[12]的作者经过深入的研究，得出了两个结论：

- 采用加速比 S≥2 的 PPS 交换结构、独立的解复用器和复用器时，如果在每个复用器中都引入缓存，则可以仿真一个 FCFS-OQ 交换结构。其相对排队时延限制在 N/S 个时隙之内。
- 当加速比为 1，并且每一解复用器和复用器中都引入 N×K 个信元大小的缓存时，采用独立的解复用器和复用器的 PPS 交换结构可以仿真一个 FCFS-OQ 交换结构。其相对排队时延限制在 2N 个信元时隙之内。

VIQ PPS[3]通过在复用器端引入固定尺寸的虚拟输入排队 VIQ 队列，实现了信元按序发送，消除了复用器存在"死锁"现象，并且避免了分组在平面输入端口处的等待"最大时延"操作。文献[4]中的仿真实验表明，VIQ PPS 的时延性能明显好于分布式并行分组交换。

上述并行分组交换的研究中，中间层平面都使用了性能较好的 OQ 结构。由第二章的分析可知，OQ 结构自身存在严重的 N 倍加速问题；当交换端口数 N 较大时，对 OQ 结构输出队列的缓存带宽要求也同时线性增加。在存储器速率发展缓慢的现状下，这一问题无疑会限制并行分组交换结构在高速率环境下的应用。因此，为了提高并行分组交换结构在高速率大容量环境下的可行性，基于联合输入输出排队 CIOQ 结构构建并行分组交换的研究工作应运而生。

PSA[24]、IOQ PPS[13]、DS-PPS[4]和文献[25]都使用了 CIOQ 作为中间层交换平

面。输入端带 VOQ 的 CIOQ 在 2 倍加速的情况下就能够模仿一个 FCFS-OQ 结构，并且商业领域 CIOQ 交换结构已经被大量生产并获得广泛应用，因此使用 CIOQ 作为中间层平面是一个不错的选择。但 PSA 和 IOQ PPS 的问题是：使用了一个集中式调度器，增加了算法时间复杂度；且由于调度器和解复用器、中间层平面以及复用器之间都需要进行通信，增加了硬件实现的复杂度，而且其也不提供 QoS 保证。为了实现对 QoS 的支持，文献[25]分别使用反馈、加速和自适应速率整形三种机制。反馈机制分布式地运行于各个复用器中；运行于各个解复用器中的自适应速率整形器用来配合反馈机制对到达的 GL 业务和 BE 业务的分发速率进行控制。其仿真实验结果表明，GD 业务的平均时延被极大地降低，GL 业务的丢包率也能控制在丢包阀值以下。DS-PPS 结构实现了对保障时延、保障带宽和尽力而为三类 QoS 业务的支持。通过动态地调整为不同类型的业务服务的中间层平面数，DS-PPS 精确地实现了对保障时延业务的时延控制和保障带宽业务的丢包率控制。为了控制中间层平面数的调整操作，DS-PPS 结构也使用了反馈机制，其调度算法复杂度极高。

文献[26]给出了一种在 320Gb/s 环境下支持 QoS 的并行分组交换系统。该系统的每一个中间层平面被称为子处理交换，简称 SPS。整个交换系统的解复用器和复用器不包含任何高速缓存，而是在 SPS 的入口和出口处设置了低速缓存队列；这样做的好处是，降低了存储器的带宽需求，具有更好的可扩展性。每一个 SPS 支持变长的分组交换，并且使用了支持 QoS 的平面调度匹配算法。同样，该交换系统需要使用反馈机制来将到达每个解复用器的业务均匀分派到各个 SPS 中。WLA-PPS[14]是一种将两级负载均衡交换和并行分组交换相结合的 PPS 结构。WLA-PPS 的左半部分执行负载均衡操作，将非均匀业务负载均衡地分布到各个解复用器中，从而使得解复用器的轮询分发操作简单高效；WLA-PPS 的右半部分将具有不同交换性能权值的中间层平面分配给不同类型的 QoS 业务，从而实现为不同类型 QoS 业务提供不同服务质量的目的。相比于上述使用反馈机制实现对 QoS 支持的并行分组交换结构，WLA-PPS 调度算法相对简单，但其也只是提供相对的 QoS，而且这种方法在支持更精确的像在第三章第二节介绍的区分 QoS 方面是无效的。

综合来看，PPS 思想的提出为解决构建超大容量的高性能分组交换系统这一难题提供了一个较为理想的途径，并且也取得了许多研究成果，但目前如何实现负载平衡分配算法，如何高效解决信元失序，尤其是如何对多种网络业务提供良好的 QoS 保障仍是需要我们进一步研究的问题。在本章中，我们主要考虑 PPS 交换机制上如何满足多类业务的性能需要，同时考虑 CICQ 结构在支持 QoS 方面的性能优势，提出了两种基于标识支持区分 QoS 的新型 PPS 解决方案。

4.3 PSVIOQ-CICQ 交换结构

PSVIOQ-CICQ 交换结构的模型如图 4-2 所示，主要分为三大部分：输入部分、中间交换部分和输出部分。中间交换平面为 CICQ，K 为 PPS 交换系统中间交换平面个数，N 为 PPS 交换系统的端口数目，R 为 PPS 交换系统输入端口的最大线速。

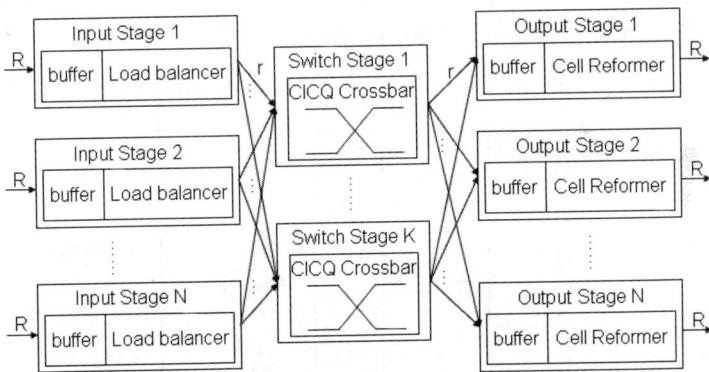

图 4-2 PSVIOQ-CICQ 交换结构

输入部分：由 N 个输入端口组成，每一个输入端口又包括输入端缓存（Buffer）和负载均衡器（Load Balancer）两个部分，对于输入端缓存的设置，我们引入虚拟队列技术，将每个输入端的缓存分割为 N 个虚拟输出队列（VOQ），从外部链路进入到交换系统的分组，根据目标输出端口进入到相应的 VOQ 队列等待负载

均衡器的服务,之后经由负载均衡器的转发进入到相应的中间交换平面,如图 4-3
所示。

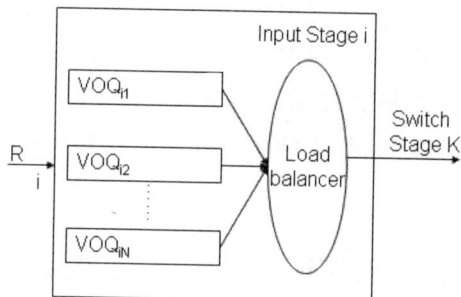

图 4-3　输入阶段结构

　　中间交换部分:PSVIOQ-CICQ 结构采用 CICQ 作为中间交换平面,整个中间
部分共由 K 个 NXN 和端口速率为 r 的 CICQ 交换模块并行组成,每个 CICQ 模块
包括虚拟输出队列 VOQ、交叉点缓存队列和交换部分,VOQ 用于缓存进入到该
交换模块的业务分组,中间交换部分的作用是负责将进入其中的业务分组交换转
发到并行交换系统的输出部分,如图 4-4 所示。

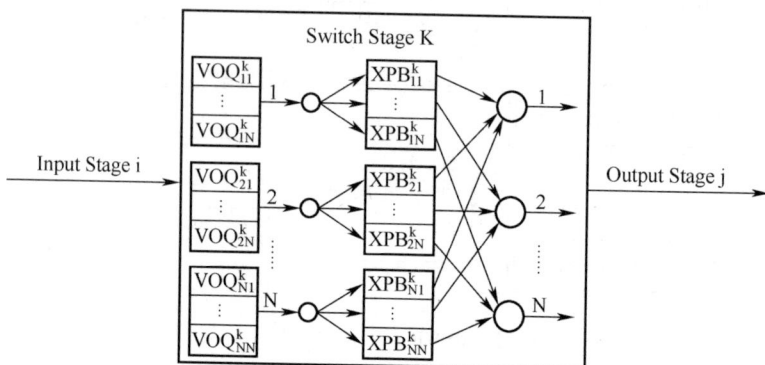

图 4-4　中间交换部分结构

　　输出部分:由 N 个输出端口组成,各个输出端口又包括输出缓存和分组整合
器两大部分,输出缓存被分为 N 个 VIQ 队列,用于缓存进入输出端口的业务分组

并对其顺序进行处理，分组整合器则负责将信元按序转发到输出链路，如图 4-5 所示。

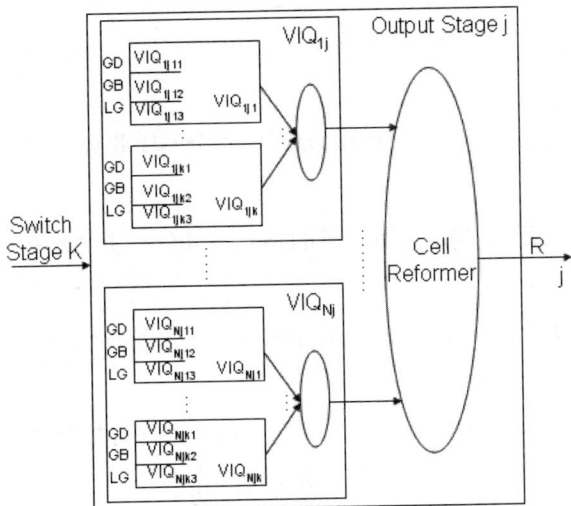

图 4-5　输出阶段结构

该结构的特点首先是采用 CICQ 结构作为中间交换模块，可以充分有效地发挥利用 CICQ 结构的优点；二是在输出缓存采用 VIQ 结构，而 VIQ 结构是被证明了的能够有效保证业务分组顺序的结构。

4.4　调度算法

4.4.1　相关概念和约定

基于 PSVIOQ-CICQ 结构，根据并行交换系统对负载均衡及分组保序的要求，文中提出调度算法 RR-DDRRP（Round-Robin And Dynamic Dual Round-Robin Preserving），该算法能够保证信元经交换系统后不乱序，并且具有负载均衡、吞吐率高等性能。

方案中，根据不同业务应用服务质量需求的不同，网络中所有业务流量分类方法参见第三章。设本章中的并行交换系统 PSVIOQ-CICQ 以定长的数据包作为基本的数据处理单元，为了叙述的方便，我们把这些定长的数据包称为信元（Cell）。

在介绍调度算法之前，我们先阐明文中用到的几个概念和符号：

定义 1　H_{ijm} 为进入 PPS 交换系统的第 m 个 GD 业务类的信元，输入端口为 i，输出端口为 j；

定义 2　M_{ijm} 为进入 PPS 交换系统的第 m 个 GB 业务类的信元，输入端口为 i，输出端口为 j；

定义 3　L_{ijm} 为进入 PPS 交换系统的第 m 个 LG 业务类的信元,输入端口为 i,输出端口为 j；

定义 4　VOQ_{ij} 代表分路器中的缓存队列，用来暂存输入端口为 i、目标输出端口为 j 的信元；

定义 5　VOQ_{ijk} 代表的是第 k 个 CICQ 中间交换平面中输入端的缓存队列，用来暂存输入端口为 i、目标输出端口为 j 的信元；

定义 6　VIQ_{ij} 代表的是合路器中的缓存队列，用来暂存输入端口为 i、目标输出端口为 j 的信元；

定义 7　VPQ_{ijp} 代表的是分路器中的优先级队列，用来暂存输入端口为 i、目标输出端口为 j 并且优先级为 p 的信元；

定义 8　VIQ_{ijkp} 为合路器 j 中的优先级队列，用于暂存输入端口为 i、目标输出端口为 j 并且优先级为 p 的信元，该信元经由中间交换平面 k 转发通过交换系统；

定义 9　$SPQC_p$ 为（Same Priority Queue Collection）合路器 j 中优先级相同的 VIQ_{ijkp} 逻辑上的集合，如图 4-6 所示。

4.4.2　负载均衡算法

负载均衡器（Load Balancer）以时隙为工作的基本时间单位，每个时隙需要完成 N 次调度，采用轮询的方式为 VOQ 队列提供服务，每次轮询从 VOQ 优先级队列指针开始，寻找有信元需要转发的 VOQ 队列，找到后判断与 VOQ 队头信元要去往的中间交换平面对应的链路状态，如果链路空闲，将待发信元转发至目标中间交换平面，同时根据 VOQ 队列的信息，确定下一个时隙要转发的信元和信元要去往的中间交换平面；否则继续寻找，直到找到或已经将 N 个 VOQ 队列循环一遍，同一个 VOQ 队列的信元以循环的方式依次去往每一个中间交换平面，每 k 个信元为一个循环周期，算法的伪码描述如下。

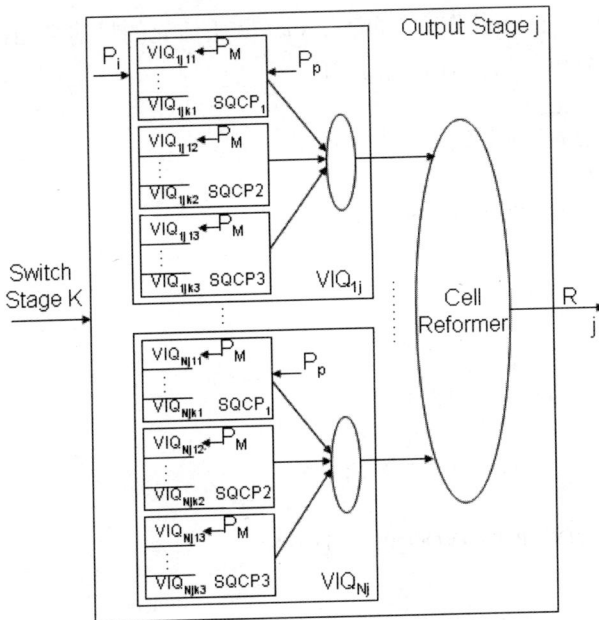

图 4-6　带优先级队列的输出阶段结构

定义 10　P_P 为分路器 i 中 VOQ 队列的优先级指针，用于控制每个时隙从哪个 VOQ 开始循环，初始值为 0。

定义 11　SMP_{ij} 为 VOQ_{ij} 队列队头信元选中的中间交换平面的标记，初始值为 0。

定义 12　LS 为输入端口与中间交换平面间的链路的状态，0 表示链路繁忙，1 表示链路空闲，初始值为 1。

```
Void Dmultiplexer_RR ()
    {
    VOQ_P_P = PP;
    For ( int j=0;j<N; j++)
```

```
                        {
                    if(VOQ_iVOQ_P_P 非空)
                      {
                        Mpn = SMP_iVOQ_P_P;
                        If(LS_iMpn == 1)
                          {
        将中间交换平面 Mpn 作为 VOQ_iVOQ_P_P 队头信元的目的平面;
                            SMP_iVOQ_P_P=SMP_iVOQ_P_P+1;
                            LS_iMpn =0;
                            if(第一次调度)
                            {
                              P_P = (P_P + 1) % N;
                            }
                          }
                      }
                        else
                            if(第一次调度)
                            {
                                P_P = (P_P + 1) % N;
                            }
                        VOQ_P_P = (VOQ_P_P + 1) % N;
                      }
                  }
```

4.4.3　DDRRP 信元重组算法

同一流的信元经交换后进入 VIQ_{ij} 队列,再根据信元所经过的中间交换平面以及所属业务类别的不同, 最终进入到 VIQ_{ijkp} 队列, $1 \leq i$, $j \leq N$, $1 \leq k \leq K$, K 为中间交换平面数, $1 \leq p \leq P$, 根据方案中业务模型的定义, 分别为 GD、GB 业务规定了峰值信息速率 PIR 和承诺信息速率 CIR, 分别代表了 GD、GB 业务所能获得的最高带宽和最小带宽。为了支持 QoS, 信元重组算法引入预约带宽机制, GD业务的预约带宽 $RB_1=1.1PIR$, GB 业务的预约带宽 $RBp=CIRp$, 同时, 在合路器中为每类业务设置一个计数器, 用于统计各类业务所获得的实际带宽, 称为统计带宽, 记为 BS (Bandwidth Statisticed)。当合路器调度算法为某类业务服务时,就要进行该类业务统计带宽与预约带宽的对比，如果 BS<RB，则为其服务；否则不为其服务，在合路器算法中引入权重的概念保证公平，本章中定义的权重是轮询到的优先级队列的长度及其优先级别的函数，函数值即为队列的权重值，只有在轮转到的优先级队列的权重非零的情况下，其才能得到调度器的服务。

信元重组器（Cell Reformer）以时隙为工作的基本时间单位，每个时隙需要完成 N 次调度，以轮 DDRRP 方式为 VIQ 提供服务，每次轮询从 $SQCP_p$ 队列的优先级指针开始寻找完整的数据单元，如果找到，从 VIQ_{ijkp} 队列优先级指针开始循环寻找符合调度条件的业务队列，找到后按照负载均衡器分配信元的顺序依次从 VIQ_{ijkp} 队列中取出信元并进行重组，同时根据 VIQ 队列的信息，确定下一个时隙要转发的信元、否则继续寻找，直到找到或已经将 N 个 VOQ 队列循环一遍。如果没有找到完整数据单元，则将 FNFDU 所指向的 $SQCP_p$ 队列的对头信元依次转发，DDRRP 算法的伪码描述如下：

定义 13　完整数据单元和非完整数据单元，如果 $SQCP_p$ 中 VIQ_{ijkp} 队列均非空，则我们认为 VIQ_{ijkp} 的队头信元组成一个完整的数据单元；否则我们认为 VIQ_{ijkp} 的对头信元组成一个非完整的数据单元。

定义 14　完整数据单元标记 FFDU，用于指定合路器将要服务的下一个完整的数据单元，初值为 0。

定义 15　非完整数据单元标记 FNFDU，用于指定合路器将要服务的下一个非完整的数据单元，初值为 0。

定义 16　P_i 为合路器 j 中 VIQ 队列的优先级指针，用于控制每个时隙从哪个 VIQ 开始循环，初始值为 0。

定义 17　P_M 为 $SQCP_p$ 中的优先级指针，用于控制每个时隙从哪个 VIQ_{ijkp} 开始循环，初始值为 0。

定义 18　P_p 为 VIQ_{ij} 中的优先级指针，用于控制每个时隙从哪个 $SQCP_p$ 开始循环，初始值为 0。

```
Void Multiplexer_DDRRP ()
{
寻找合路器中的完整数据单元;
```

为业务类队列设置权重;

If(合路器 j 中有完整的数据单元&&相应队列权重非零&&相应业务的统计带宽小于预约带宽)

　{

　　根据 F_{FDU} 按照轮询的方式选择优先级最高的完整数据单元,设该单元的输入端口为 i;

　　$F_{FDU} = (i+1)\ \%\ K;$

　　$P_i = i;$

　　For (loop=0; loop<N; loop++)

　　{

　　　选择 $SQCP_p$ 队列的对头信元并为其服务;

　　　$P_i = (P_i+1)\ \%\ N;$

　　　$P_M++;$

　　　If ($P_M==K$)

　　　{ $P_M\ \%= K;$

　　　　}

　　　　$P_p++;$

　　　　If ($P_p == 3$)

　　　　{ $P_p\ \%= 3;$

　　　　}

　　}

　}

　else

　{

　　选择 F_{NFDU} 指定的非完整数据单元,设该单元的输入端口为 i;

　　$F_{NFDU} = (i+1)\ \%\ K;$

　　$P_i = i;$

　　while(VIQ_{ijkp} 非空)

　　{

　　　选择 $SQCP_p$ 队列的对头信元并为其服务;

　　　$P_i = (L+1)\ \%\ N;$

　　}

　　$i = P_i;$

　}

}

4.5 仿真结果与分析

4.5.1 仿真环境

我们使用 C++面向对象技术开发了模拟仿真交换环境。开发的模型包括 VIQ PPS 和 PSVIOQ-CICQ。其中输入流量模型直接借鉴了 SIM 模拟器[1]。

ON-OFF 业务源为突发流量模型，Bernoulli 业务源为非突发流量模型，ON-OFF 模型产生的业务到达过程更接近于实际网络中的数据流量过程，所以仿真中采用 ON-OFF 业务源模型产生业务流量过程。信元的目的端口分布又分为均匀分布和非均匀分布，所以仿真分析分别统计 ON-OFF 业务模型在均匀和非均匀分布两种情况下的数据。仿真系统还实现了对 VIQ PPS 的模拟，以便于对比分析系统的有效性。

带宽分配比：带宽分配比是衡量公平性的重要指标，是指不同优先级的业务在一定时间内所获得的带宽与其理论应得带宽的比值。

负载均衡系数：所谓负载均衡系数，是指在某一时间段内不同的中间交换平面所转发的信元数目的最大值与最小值的比。假设在时间段$[t_r,t_s]$内 PSVIOQ-CICQ 的第 i 个交换单元转发了 $K_i[t_r,t_s]$个信元，负载均匀系数为在该时间段内，不同交换模块转发的最大信元个数与最少信元个数的比值，即：

$$E[t_r,t_s] = \frac{\max(K_i[t_r,t_s])}{\min(K_i[t_r,t_s])} \quad (i=0,\ldots,m-1) \qquad (1)$$

负载均衡系数反映了交换模块负载的不均衡程度。

吞吐率：假设在时间段$[t_r,t_s]$内，PSVIOQ-CICQ 交换了 $K_p[t_r,t_s]$个信元，业务源共产生了 $K_c[t_r,t_s]$个信元，两者的比值为交换系统的吞吐率，即：

$$P[t_r,t_s] = \frac{K_p[t_r,t_s]}{K_c[t_r,t_s]} \qquad (2)$$

其反应了交换系统的吞吐能力。

平均时延：假设在时间段$[t_r,t_s]$内，通过 PSVIOQ-CICQ 的各个信元的时延分

别为 $d_1, d_2,..., d_n$，PSVIOQ-CICQ 在时间段[tr,ts]内处理的信元的平均时延即为：

$$D[t_r, t_s] = \sum_{i}^{n} d_i / n \qquad (3)$$

ON-OFF 业务源模型有两个状态，当一个新的时隙开始时，如果业务源处于 ON 状态，则产生一个信元，否则就不会产生，无论在一个时隙中业务源是否产生分组，业务源都将在时隙结束前进行状态的转换，ON-OFF 业务源两状态之间的转移概率由平均业务到达速率 P 和平均业务突发长度 δ 两个参数共同决定，平均业务突发长度是指 ON 周期内产生的分组的个数，以 X_{11} 表示状态由 ON 转移到 ON 的概率，X_{12} 表示状态由 ON 转移到 OFF 的概率，X_{21} 表示状态由 OFF 转移到 ON 的概率，X_{22} 表示状态由 OFF 转移到 OFF 的概率，$X_{12} = 1/\delta$，$X_{11} = 1 - 1/\delta$，$X_{21} = P/(1-P)$，$X_{22} = 1 - P/(1-P)$。

根据业务源流量模型产生的业务分组目的端口的分布，业务源分布模型可以分为均匀分布与非均匀分布。无论是均匀分布还是非均匀分布的业务流，都应满足如下约束条件：

$$\sum_{i=1}^{N} P_{ij} = P_i, \quad \sum_{j=1}^{N} P_{ij} = P_j, \quad \forall i, j = 1,..., N \qquad (4)$$

仿真实验中的业务源分布模型是：

（1）均匀分布（Uniform）：

$$P_{ij} = P_i / N \qquad (5)$$

（2）非均匀分布（Hotspot）：

$$p_{ij} = \begin{cases} [w + (1-w)/N]p_i & j = i \\ [(1-w)p_i]/N & j \neq i \end{cases} \quad w \in [0,1] \qquad (6)$$

仿真从负载分配均衡度、带宽分配公平度、时延和吞吐率几个方面对系统性能进行评估，负载分配均衡度通过负载均衡系数衡量。系统以定长的信元作为业务处理单位，突发长度为 100，目的端口分布采用均匀分布和非均匀分布两种，每个输入端 GD、GB 和 LG 业务的比例依次为 30%、50%、20%，预约带宽分别为 0.3、0.50、0.20，负载从 0.1 变化到 1。在验证并行交换系统 PSVIOQ-CICQ 带宽分配的公平性能时，把交换系统规模设置成 4×4 的，同时设定业务源所产生的所有信元的目的输出端口是相同的，这样做的目的是让从所有输入端口到达交换系统的信元都去竞争同一个输出端口，以便于产生过载的仿真环境，在验证时延、吞吐率和负载分配均衡度性能时采用 16×16 的交换结构，中间交换平面数设为 8，在验证吞吐率、时延和负载均衡系数性能与中间交换平面数目的关系时，采用 32×32 的交换结构，交换平面数分别设置为 4、8 和 16，单次仿真周期为 100000（10^5）时隙。

4.5.2　仿真结果分析

图 4-7 为 PSVIOQ-CICQ 系统中 GD、GB、LG 三种业务在 ON-OFF 业务流下的带宽分配情况图，从图中可以看出，在负载达到 0.3 之前，三种业务所获得的带宽均处于上升趋势，所获得的带宽与它们各自的到达速率相当，这是因为此时的业务量还没有达到过载状态，三种业务还都没有收到其预约带宽的限制，当负载超过 0.3 之后，业务量过载，三种业务均在其预约带宽的限制下获得相应的带宽。图中数据表明，在系统 PSVIOQ-CICQ 中，因高优先级业务和低优先级业务之间的带宽竞争，而造成在系统负载较重时，低优先级业务因带宽被高优先级业务抢占所导致的饿死现象是不存在的，各种优先级的业务均能在其预约带宽的限制下公平地获得带宽，这表明系统 PSVIOQ-CICQ 具有很好的公平性。

图 4-8 所示为 PSVIOQ-CICQ 系统中，GD、GB 两种业务在 ON-OFF 均匀和非均匀流量下的平均时延曲线，主要反应两种业务随负载的增加时延的变化情况。从图中可以看出，在负载较轻时，两种业务具有较好的时延特性；当负载较重时，时延性能会有所下降。这主要是因为当负载的增加达到某一程度后，在交换系统同等的处理条件下，交换网络的拥塞程度会随着负载的增加而变大，造成系统的处理能力下降，增加信元等待处理的时间，造成时延性能的下降。同时从图中还可以看出，与 VIQ PPS 相比，在非均匀业务源下，当负载小于 0.8 时，PSVIOQ-CICQ 系统中的 GD 业务具有更好的时延性能，GB 业务也具有与之相似的时延。在均匀业务源下，当负载小于 0.9 时，PSVIOQ-CICQ 系统中 GD 业务具有更好的时延性能，GB 业务具有与之相似的时延，而 VIQ PPS[101] 中的实验结果表明在使用分布

式调度的 PPS 系统中，VIQ PPS 具有最优的时延性能，这说明 PSVIOQ-CICQ 系统能够满足设计目标的要求。

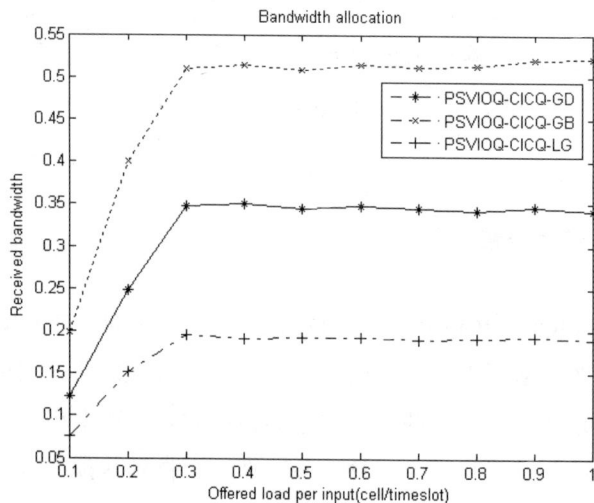

图 4-7　带宽分配图

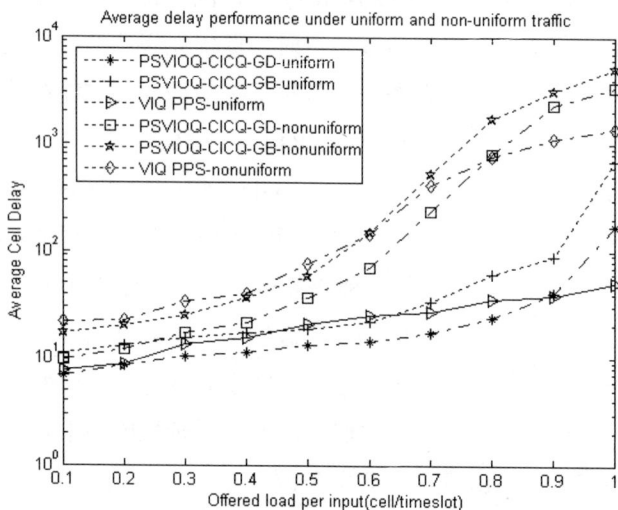

图 4-8　均匀和非均匀业务源下 GD、GB 业务的平均时延

图 4-9 和图 4-10 所示为 PSVIOQ-CICQ 系统在 ON-OFF 非均匀业务流量下，GD、GB 业务的平均时延与中间交换平面数的关系。从图中可以看出，随着中间

交换平面数的增加，两种业务的平均时延都会增加，这是因为中间交换平面数的增加使得信元进出中间交换平面的速率变低，中间交换平面的工作速率也会随之变低，系统整体工作效率变低，增加信元的等待时间，使得延迟增大。同时从两图中我们也可以看出，虽然随着中间交换平面数的增加，时延性能会有所下降，但下降的程度都不大，不影响交换系统的扩展。

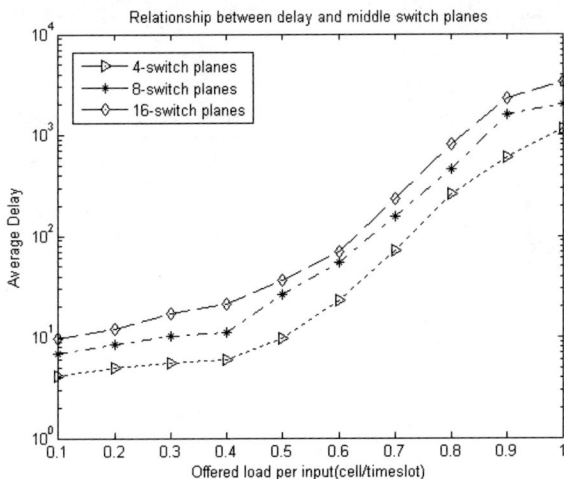

图 4-9　非均匀业务源下 GD 时延与平面数关系

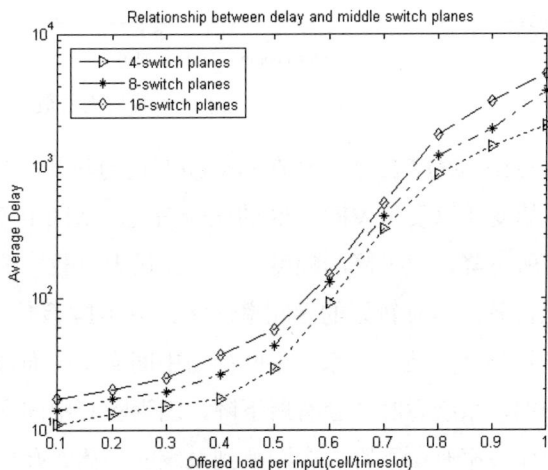

图 4-10　非均匀业务源下 GB 时延与平面数关系

　　图 4-11 所示为 PSVIOQ-CICQ 系统在 ON-OFF 均匀与非均匀业务流量下，系统的负载均衡系数随负载的变化情况以及与 VIQ PPS 的比较情况。从图中可以看出，负载均衡系数的变化区间为（1,1.0012），说明进入到各个中间交换平面进行处理的信元个数的差别不大，系统具有较好的负载均衡性能，与 VIQ PPS 相比具有相似的负载均衡性能。图 4-12 所示为 PSVIOQ-CICQ 系统在 ON-OFF 非均匀业务流下负载均衡系数与中间交换平面数的关系，负载均衡系数随交换平面数的增加变化不大。

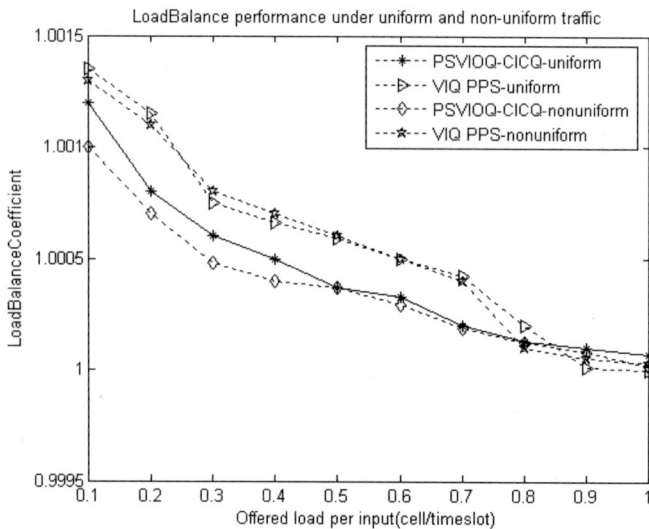

图 4-11　均匀和非均匀业务源下的负载均衡系数

　　图 4-13 反应了 PSVIOQ-CICQ 系统在 ON-OFF 均匀与非均匀业务流量下，系统的吞吐率随负载的变化以及与 VIQ PPS 的比较情况。从图中可以看出，吞吐率随着负载的增加有所下降，但下降的幅度较小，在最大负载情况下，系统吞吐率也能达到 99% 以上，系统具有较好的吞吐率性能。图 4-14 反应了 PSVIOQ-CICQ 系统在 ON-OFF 非均匀业务流下，系统吞吐率与中间交换平面数的关系，随着中间交换平面数的增加，系统吞吐率会有所下降，因为随着中间交换平面数目的增加，整个系统的工作效率有所下降，会影响到系统的整体吞吐能力，同时系统整体效率的下降也使得时延性能降低，更进一步影响系统的吞吐率，在重负载情况

下表现更为明显，但总体上系统仍能保持良好的吞吐性能，这可以保证系统具有较好的可扩展性。

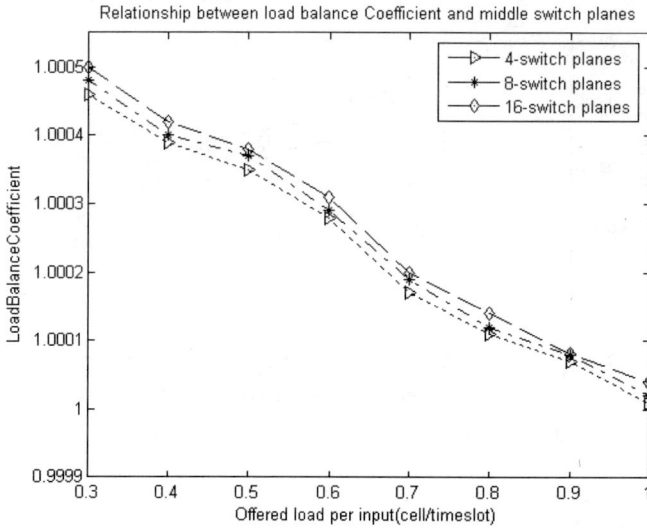

图 4-12　非均匀业务源下的负载均衡系数与平面数关系

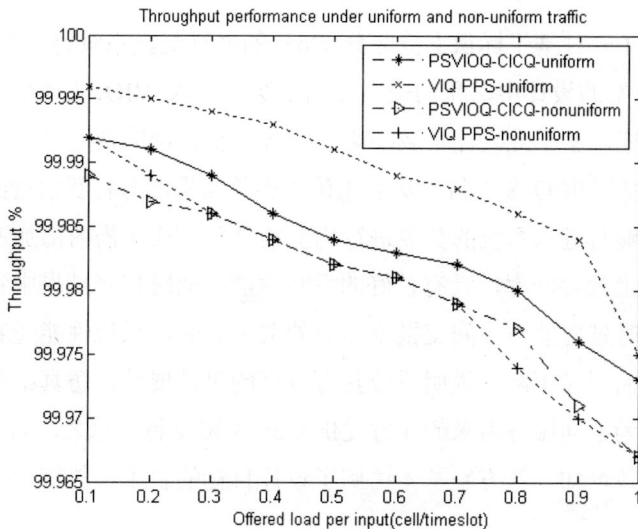

图 4-13　均匀和非均匀业务源下的吞吐率

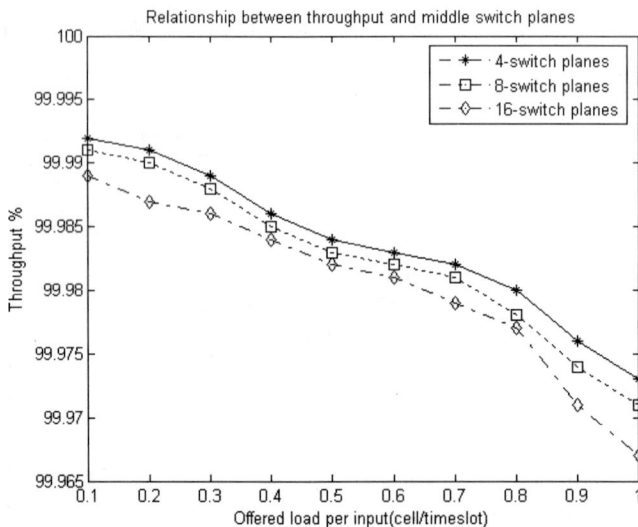

图 4-14　非均匀业务源下的吞吐率与平面数关系

4.6　本章小结

　　本章提出了一种基于标识支持区分 QoS 的并行交换系统解决方案 PSVIOQ-CICQ，在该方案的设计中，我们采用在输出缓存引入 VIQ 队列结构的办法保证信元的传输顺序，基于此设计负载均衡器和分组整合器的调度算法，能够为不同服务需求的业务提供 QoS 支持。从上述仿真实验结果的分析我们看到，该并行系统解决方案能够对进入系统的负载进行均衡的分配，在无需内部加速的情况下能够获得 99% 以上的吞吐率，具有较好的吞吐性能。同时仿真结果中吞吐率、负载均衡系数以及时延性能与中间交换平面数的关系表明，系统性能随着中间交换平面数目的增加而明显下降，说明系统具有良好的可扩展性，仿真结果的时延性能表明系统能够为不同服务需求的业务提供 QoS 保障支持。总之，通过与 VIQ PPS 仿真结果的比较可知，该方案基本达到了设计目标的要求，能够适应未来网络环境的要求。

　　但从分析中我们也看到，系统的吞吐率性能和时延性能在非均匀业务源下还有进一步提升的空间，尤其是时延性能。在非均匀业务源下，随负载变化显著下降，特别在负载较重的情况下，时延性能有很大的改进提升空间。

参考文献：

[1]   S lyer,N McKeown. Making parallel switches practical[C]. Proc of IEEE INFOCOM 2001, Anchorage,Alaska:IEEE,2001:1680-1687.

[2]   Wang W,Donf L,Wolf W. A distributed switch architecture with dynalnic load-balancing and parallel input-queued crossbars for terabit switch fabrics[C]. Proc of IEEE INFOCOM 2OO2,New York,USA:IEEE,2OO2:352-361.

[3]   A Aslam,K Christonsen. Paralld packet switching using multiplexors with virtual input queues[C]. 2OO2 Proc of IEEE LEN,Tampa,Florida,USA:IEEE,2OO2:270-277.

[4]   A Aslam,K Chtistense. A parallel packet switch with multiplexors containing virtual input queues[J]. Computer Conmmnieations,20O4.27(3):1248-1263.

[5]   I Keslassy,N McKeown. Maintaining packet order in two-stage switches[C]. Proc of IEEE lnfocom 2OO2,New York,USA:IEEE,2002:1032-1041.

[6]   Iyer S,McKeown NW. Analysis ofthe parallel packet switch architecture[J]. IEEE/ACM Trans.on Networking,2003,11l(2):314-324.

[7]   Khotimsky D,Krishnan S. Evaluation of open-loop sequence control schemes for multi-path switches[C]. In Proc.of the IEEE ICC,Piscataway:Institute of Electrical and Electronics Engineers Inc,2002:2116-2120.

[8]   M neimneh S,K.Siu. Scheduling unsplittable flows using parallel switches[C]. In Proc.of the IEEE ICC,Piscataway:institute of Electrical and Electronics Engineers Inc,2002:2410-2415.

[9]   Khotimsky D,Krishnan S. Towards the recognition of parallel packet switches[C]. In Proc.of the Gigabit Networking Workshop in Conjunction with IEEE INFOCOM,Piscataway:Institute ofElectrical and Electronics Engineers Inc,2001.

[10]   Iyer S,Kompella R,McKeown N. Analysis of a memory architecture for fast packet buffers[C]. In Proc of the IEEE Workshop on High Performance Switching   and Routing,2001:368-373.

[11]   McKeown N. Scheduling algorithms for input - queued   cell   witches [Dissertation][C].

Berkeley,University of California,1995:.

[12]   Iyer S, Awadallah A, McKeown N. Analysis of a packet switch with memories running slower than the line rate[C]. In Proc of the 19th IEEE INFOCOM,Tel-Aviv,Israel, 2000:529-537.

[13]   戴艺，苏金树，孙志刚. 一种维序的基于组合输入输出排队的并行交换结构[J]. 软件学报,2008,19(12):3207-3217.

[14]   Fan Yang,Zhen-kai Wang,Jian-ya Chen,et al. A Parallel Packet Switch Supporting Differentiated QoS Based on Weighted Layer Assignment[C]. WiCOM'09 Proceedings of the 5th International Conference on Wireless communications, networking and mobile computing, IEEE Press Piscataway, NJ, USA, 2009:4286-4289.

[15]   Khodaparast, A.A. Khorsandi, S. A general design model for a practical parallel packet switch[C]. 12th IEEE International Conference on Networks, ICON 2004.

[16]   王斌，陈斌，张小东，丁炜. 一种新型的 PPS 交换机. 电子与信息学报，2006, 28(11): 2135-2139.

[17]   Lei Shi, Bin Liu, Changhua Sun. Flow-Slice: a novel load-balancing scheme for multi-path switching systems[C]. ANCS'07, Orlando, Florida, USA, December 2007, 3-4.

[18]   A. Khodaparast, S. Khorsandi. Design and analysis of a fully-distributed parallel packet switch with buffered demultiplexers[J]. The CSI Journal on Computer Science and Engineering. Vol. 2, No. 2&4(b), Summer&Winter 2004, 1-9.

[19]   Chia-lung Liu, Woei Lin and Chin-Chi Wu. Performance analysis of the sliding-window parallel packet switch[C].IEEEInternational Conferenceon Communication (IEEEICC) 2005.

[20]   D. Khotimsky, S. Krishnan. Stability analysis of a parallel packet switch with bufferless input demultiplexors[C].. ICC2001, HELSINKI, FINLAND, June 2001, pp. 1-9.

[21]   H. ATTIYA, D. HAY. Randomization does not reduce the average delay in parallel packet switches[J]. SIAM J. COMPUT. Vol. 37, No. 5, pp. 1613-1636.

[22]   Chia-Lung LIU, Chin-Chi WU, Woei LIN. Speedup requirements for output queuing emulation with a parallel packet switch[J]. Journal of Information Science and Engineering, 23, 2007, pp. 1753-1767.

[23]   H. Attiya, D. Hay. The inherent queuing delay of parallel packet switches. Technion-Computer

Science Department-Technical Report CS-2004-02-2004, April 2004.

[24] S Mneimneh, V Sharma, and K Siu. On scheduling using parallel input-output queued crossbar switches with no speedup: Proc. of Workshop on High Performance Switching and Routing[C], 2001. 317-323.

[25] Farajianzadeh A, Khorsandi S. Toward a differentiated-service enabled parallel packet switch: Proc. of ISCC '07[C], Aveiro, Portugal, 2007. 885-891.

[26] Wen-Jie Li, Bin Liu, and Yang Xu. Parallel Switch System with QoS Guarantee for Real-Time Traffic[J]. Journal of Computer Science and Technology, 2006, 21(6):1012-1021.

第五章　基于标识支持区分 QoS 的 PPS 解决方案 PSCICQ

并行交换系统解决方案 PSVIOQ-CICQ 的仿真实验表明，其具有较好的公平性、负载均衡性和可扩展性，基本达到了设计目标的要求，能够适应未来网络环境的要求。但仿真结果也显示系统的性能还有进一步提升的空间。本章提出一种基于标识支持区分 QoS 的新型 PSCICQ 实现方案。

5.1　引言

并行交换系统解决方案 PSVIOQ-CICQ 的仿真实验显示，系统的吞吐率性能和时延性能在非均匀业务源下还有进一步提升的空间，尤其是时延性能，在非均匀业务源下随负载变化而显著下降，特别在负载较重的情况下，时延性能有较大幅度的降低，这对服务质量保证的支持是很不利的。

认真分析 PSVIOQ-CICQ 方案中交换结构和调度算法的设计发现，造成上述问题的主要原因如下：一个是该方案的设计中，为了提高 PSVIOQ-CICQ 并行系统的 QoS 保障能力，在合路器中增设了优先级队列，而信元时延的一个部分就是来自于排队等待时间，所以增加一级等待队列势必会增加信元的时延；另一个是为了保证信元的传输顺序，负载均衡算法以轮转的方式将同一业务流的信元以固定的周期依次分配到各个中间交换模块，而信元整合算法又以同样的顺序为信元服务，这就会使得某些信元被分配到的中间交换平面并非其最理想的中间交换平面，造成某些信元在中间交换平面滞留时间的增加，进而增加了信元的传输时延。随着负载强度的增加，出现这种情况的可能性也会显著增加，信元在中间交换平面的等待时间将会进一步延长，对于非均匀分布的业务流，因为信元会较为集中地去往某些端口，这会使得并行系统输入端缓存队列拥塞程度不同，拥塞度较重队列中的信元时延将会增加，非均匀业务源下的时延性能就会整体下降，并且随着负载的增加呈现加速下降的趋势。

针对上述原因,本节提出了基于标识支持区分 QoS 的新型 PSCICQ 实现方案，在每一解复用器中设置 K 个缓存队列，分别对应于并行交换系统中的每一个中间交换平面，每个缓存队列的容量设置为 N 个信元，与负载分担算法结合实现负载的均衡分配；CICQ 交换平面，采用具有较高吞吐率和抗突发能力的 LQF-RR 算法并且采用同步调度方式，与负载分配算法协调保证信元传输顺序，在汇聚模块仅设置少量缓存，对不同的业务类提供有效的区分 QoS 保证。

5.2　PSCICQ 交换结构

新体系结构 PSCICQ（Parallel Switch based on Combined Input and Cross-point Queue）如图 5-1 所示。包括解复用器、中间交换平面和汇聚模块，每个解复用器 D_i 中有 K 个长度为 N 的 Q(i,k)队列，分别与每个中间平面交换机的 i 输入端口相连，基于 CICQ[83]具有的分布式调度特性，核心交换结构由 K 个 CICQ 交换模块组成，每个 CICQ 交换模块为 N×N，端口线速率为 r，内部加速比 S 定义为 K_r/R。

从工程实现角度出发,本文取 S=l,汇聚模块也有 N 个，汇聚模块 M_j 与每个 CICQ 交换机的 j 输出端口相连。汇聚模块 M_j 中不设置重排序缓存。依据下文的算法，去往 M_j 的分组流被不失序地传送到输出线路上去。本文在前人研究成果的基础上,基于标识的概念,提出一种基于标识支持区分 QoS 的新型 PPS 解决方案。我们所讨论的 PSCICQ 结构，每个输入解复用器的负载平衡判决都是独立执行的，各个输入解复用器与输出汇聚模块之间无须相互通信，解复用器、汇聚模块与层之间亦无反馈通信，而且能为数据流提供公平的服务。与下文的算法结合，该结构能够保证每流分组的顺序和确保分组具有时延的上界。

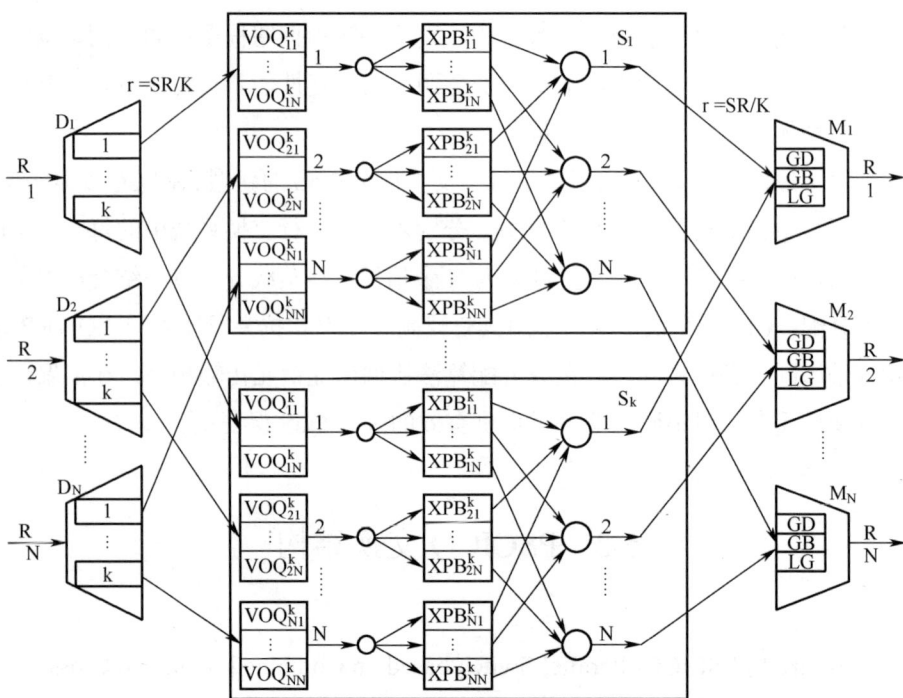

图 5-1　PSCICQ 体系结构

5.3　调度算法

5.3.1　相关定义

定义 1　C_{ijp}：输入端口为 i、目标输出端口为 j，并且业务类为 P 的业务信元；

定义 2　外部时隙：在线速率为 R 的条件下，发送或接收一个 Cell 的时间；

定义 3　内部时隙：在线速率为（r=R/K）条件下，发送或接收一个 Cell 的时间；

定义 4　S_k 层：代表第 k 个中间交换平面；

定义 5　Q(i,k)：代表的是先进先出队列 FIFO，用于暂存从输入端口 i 进入交换系统被负载均衡算法分配到第 k 个中间交换平面处理的信元，队列的长度为 N 个信元的大小，其中 N 为交换系统的规模；

定义 6   VOQ$_{kijp}$: 代表的是第 k 个中间交换平面中的先进先出队列, 用于暂存输入端口为 i、目标输出端口为 j、优先级为 p 并且通过第 k 个中间交换平面转发的信元, 队列的长度为 N 个信元的大小, 其中 N 为交换系统的规模;

定义 7   COUNT$_{ij}$: 第 i 个解复用器为 N 个输出端口保持 N 个独立的计数器, 取值范围为 {1,...,K}, 表示前一个从第 i 个入端口到第 j 个出端口的信元被分配到层 S$_{COUNT_{ij}}$ 上。

定义 8   保序: 所谓保序, 就是指任一流的业务信元以某一顺序进入到并行交换系统 PSCICQ, 经由该并行系统的转发后, 该业务流仍以进入系统时的顺序离开并行交换系统 PSCICQ。

约束条件: 首先, 整个交换系统在开始时刻, 所有缓存都是空的。其次, 对于每个流的速率 r, 必须满足"可容许"的条件, 即

$$\sum_{i=1}^{N} r_{i,j} \leqslant 1, \quad \sum_{j=1}^{N} r_{i,j} \leqslant 1 \quad i,j = 1,...,N \tag{1}$$

另外, 我们假设骨干节点拥有关于应用的完整知识, 骨干节点可将分组标记为 GD[i]、GB[i]或 LG[i]服务类型。

5.3.2   解复用器负载分担算法

解复用器内部结构如图 5-2 所示, 每个解复用器 D$_i$ 为实现每条流 f 在层 S$_k$ (k={1,...,K}), 上的均匀分布, 采用如下 RR 负载分担算法:

$$k = \left(\left\lfloor \frac{M-1}{N} \right\rfloor \right)\%K + 1 \tag{2}$$

其中, M 表示第 M 个外部时隙, K 表示并行 CICQ 交换平面的数量, k 表示信元将被分配的层, %表示取模, 则信元进入队列 Q(i,k)。

每个解复用器为 N 个输出端口保持 N 个独立的计数器 COUNT$_{ij}$, 计数器记录了上一个 C$_{ij}$ 发送到的层, 则当前到达中间平面的信元 C$_{ij}$ 应该被缓存到队列 VOQ$_{ij}^{(COUNT_{ij}+1)\%K}$。COUNT$_{ij}$ 初始为 0, 以后每次 D$_i$ 向 VOQ$_{ij}^{(COUNT_{ij}+1)\%K}$ 送一个信元, 则对 COUNT$_{ij}$ 加 1 并对 K 取模。只要同一流缓存在任意平面队列 VOQ$_{ij}$ 中的信元数目变成 0, 解复用器 D$_i$ 将 COUNT$_{ij}$ 重置为 0。该策略可以保证每条流的最

老信元总是被分派到第一个交换平面，简化了信元复用时重组的过程。

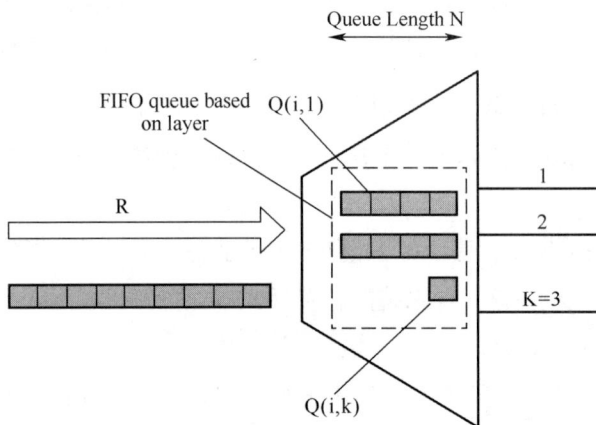

图 5-2　解复用器内部结构

负载均衡算法流程如图 5-3 所示。

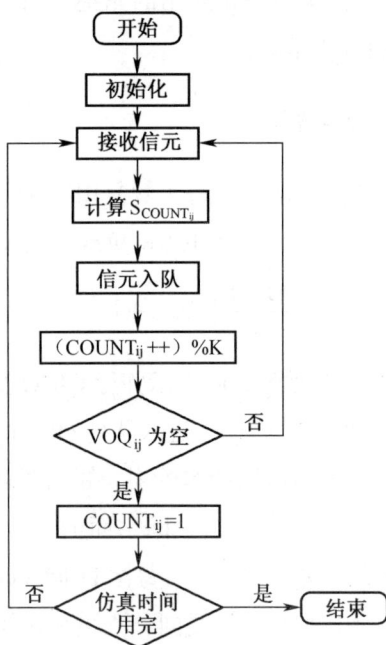

图 5-3　负载均衡算法流程图

结论 1 在 M 个外部时隙内，采用上述 RR 负载均衡算法，解复用器 D_i 中 FIFO 队列 $Q(i,k)$ 中的信元个数 $C(i,k,M)$ 满足：

当 M>N 时，
$$C(i,k,M) < \frac{M}{K} + N \qquad (3)$$

当 M≤N 时，
$$C(i,k,M) \leqslant M \qquad (4)$$

证明：解复用器 D_i 以轮询方式分配流 f 的信元到 $Q(i,k)$，$k = \left(\left\lfloor \frac{M-1}{N} \right\rfloor\right)\%K + 1$。

令 $S(i,M) = \sum_{j=1}^{N} \bar{S}(i,j,M)$，其中 $\bar{S}(i,j,M)$ 表示解复用器 D_i 在任意 M 个外部时隙内接收到目的端口为 j 的信元数目，$S(i,M)$ 表示在时间间隔 M 内解复用器接收的全部信元数目，显然 $S(i,M) \leqslant M$，当 M>N 时，有

$$
\begin{aligned}
C(i,k,M) &\leqslant \sum_{j=1}^{N} \left\lceil \frac{\bar{S}(i,j,M)}{K} \right\rceil \leqslant \left\lceil \sum_{j=1}^{N} \frac{\bar{S}(i,j,M)}{K} \right\rceil + N - 1 \\
&= \left\lceil \frac{S(i,M)}{K} \right\rceil + N - 1 \leqslant \left\lceil \frac{M}{K} \right\rceil + N - 1 < \frac{M}{K} + N
\end{aligned} \qquad (5)
$$

同理，M≤N，可得 $C(i,k,M) \leqslant M$。证毕。

定理 1 在内部链路加速比 S=1 的情况下，解复用器 D_i 如果执行 RR 负载分担算法，那么每个 FIFO 队列 $Q(i,k)$ 是不会发生缓冲区溢出现象的。

证明：已知信元长度为定长，外部链路速率为 R，那么假设每个信元需要花费的时间固定为 t，M 个外部时隙，时间为 T=Mt。则结论 1 可表述为 $C(i,k,T)$ <T/Kt+N，表示在时间 T 内，写入到解复用器每个 FIFO 队列 $Q(i,k)$ 的信元数目小于或等于 T/Kt+N。若将每个 FIFO 队列 $Q(i,k)$ 表示为漏桶源（Leaky Bucket Source），平均速率为 v'=tK，桶深为 N 个信元的漏桶模型。每个 FIFO 的发送速率为 v=tK，由漏桶源的定义可知，桶深为 N 的 FIFO 缓冲区队列 $Q(i,k)$ 不会发生溢出。证毕。

5.3.3 中心交换平面调度机制

在 PSCICQ 结构中，调度器根据某一个交换平面的状态信息在每个时隙内计算一种调度匹配结果，并把它应用到所有 K 个交换平面中，即同步调度算法。

结论 2 使用 RR 负载分担算法和同步调度算法，则每个时隙结束时，对于任

意的 s 和 k（1<s,k<K），队列 VOQ^s 和 VOQ^k 的长度最多相差 1。

证明：对第 1 个时隙，结论 2 显然成立。

假设在时隙 M 结束后，结论 2 成立，那么只需证明在时隙 M+1 结束后，由归纳法证明结论 2 依然成立。考虑以下两种情况：

情况 1. 在时隙 M 结束后，所有交换平面的 VOQ^s_{ij} 队列非空，假设 VOQ^a_{ij} 是时隙 M 结束后最后一个接收到信元 C_{ij} 的 VOQ_{ij} 队列，当 a<k<K 时，VOQ^k_{ij} 队列长度为 L；当 1<k<a 时，VOQ^k_{ij} 队列长度为 L+1，信元按序以循环方式分布在 VOQ^k_{ij} 队列。在时隙 M+1 内，同步调度算法将同一种匹配实施到每个交换平面后，所有 VOQ^s_{ij} 队列的长度要么全部保持不变，要么全部减 1。不失一般性，假设在时隙 M+1 内有 d 个信元从 D_i 发送到各交换平面。显然，l<d<K 时，按照轮询负载分担算法，这 d 个信元按照流 f 的顺序以循环方式依次缓冲到队列 $VOQ^{(a+1)\%K}_{ij} \ldots VOQ^{(a+d)\%K}_{ij}$。因此存在 $1 \leq k=(a+d)\%K \leq K$，使得时隙 M+1 结束后，结论 2 依然成立。

情况 2. 在时隙 M 结束后，并非所有交换平面的 VOQ^s_{ij} 队列都不空，即至少有一个 VOQ_{ij} 为空，由结论 2 可知，其他非空 VOQ_{ij} 队列长度至多为 1。在时隙 M+1 内，同步调度算法将同一种匹配实施到每个交换平面后，所有 VOQ^s_{ij} 队列的长度要么全部保持不变，要么全部变成 0。同上可证结论 2 在时隙 M+1 结束后，依然成立。证毕。

结论 3 如果使用 RR 负载分担算法和同步调度算法，对于任一流在每个时隙结束时，要么所有信元都位于不同交换平面中，要么整个 PSCICQ 结构中属于该流的最早的 K 个信元位于不同交换平面中。

证明：情况 1. 如果在时隙 M 结束时，有一队列 VOQ_{ij} 不为空，则由结论 2 可知 VOQ^k_{ij} 对于所有的 k，其长度最大为 1。因此，入端口的所有信元都位于不同的交换平面内。

情况 2. 如果在时隙 M 结束时，所有 VOQ_{ij} 都不为空，用反证法证明，则假设入端口处最老的 K 个信元并非位于不同的交换平面内。那么就必须有一队列 VOQ_{ij}，假设是 VOQ^k_{ij} 包含 K 个最老的信元中的两个 C1 和 C2。并且，对另一个 VOQ_{ij}，假设是 VOQ^s_{ij} 包含不是 K 个最老信元之一的 C3。不失一般性，C1 和 C3

都位于其所在队列的队头。假设在时隙 M_0 内 C3 被发送到 VOQ^s_{ij}。我们考虑 M_0-1 时隙结束时的情况：由于在时隙 M_0 内仅仅一个信元 C_{ij}，也就是 C3 到达。所以在时隙 M_0-1 结束时，C1 和 C2 都已经位于队列 VOQ^k_{ij} 内了，由假设知 C1 和 C2 在 M 时隙结束时仍位于队列 VOQ^k_{ij} 内。由于我们在所有的交换平面上应用了相同的匹配结果，所以在从 M_0-1 到 M 的每个时隙内，每次 VOQ^s_{ij} 被调度时，VOQ^k_{ij} 也被调度。由于在 M 时隙结束时 C3 位于 VOQ^s_{ij} 的队头，那么，在 M_0-1 时隙结束时，仍位于 VOQ^s_{ij} 的队头信元在 M 时隙结束时必须被交换出去。已知在 M 时隙结束时 C1 仍然位于 VOQ^k_{ij} 内。因此，在时隙 M0-1 结束时，要么 VOQ^k_{ij} 中有其他队头信元，VOQ^k_{ij} 的长度为 3，VOQ^s_{ij} 的长度为 1；要么 VOQ^k_{ij} 中没有信元，VOQ^s_{ij} 的长度为 0，而此时 VOQ^k_{ij} 的长度为 2,；两者差至少为 2。这和结论 2 矛盾，因此结论 3 成立。证毕。

定理 2 当到达 PSCICQ 系统的负载是可容许，采用上述解复用器的 RR 负载分担算法，到达各个并行交换平面的负载也是可容许。

证明： 不失一般性，选中间级交换平面层 S_k 进行讨论。由于到达 PSCICQ 系统的负载是可容许的，所以：

$$\sum_{i=1}^{N} r_{i,j} \leq 1, \quad \sum_{j=1}^{N} r_{i,j} \leq 1 \quad i,j=1,2,\ldots,N \tag{6}$$

因为到达层 S_k 输入端口 i、目的端口为 j 的业务的平均流量为 r^k_{ij}，在交换平面没有加速的情况下，一个并行交换平面的交换时隙为 PSCICQ 系统交换时隙的 K 倍，因此，在交换平面 S_k 的一个交换时隙内（内部时隙）

$$\hat{r}^k_{i,j} = K, \quad rkij=rij \tag{7}$$

$$\sum_{i=1}^{N} \hat{r}^k_{i,j} \leq 1, \quad \sum_{j=1}^{N} \hat{r}^k_{i,j} \leq 1, \quad i,j=1,2,\ldots,N \tag{8}$$

证毕。

以上证明可以保证中间交换平面的负载是可容许的，因此可以选用任何适用于中间交换平面的调度算法，中间交换平面计算匹配结果的调度算法同步应用于各个平面，本文选用 LQF-RR 这一适用于 CICQ 的典型算法，并进行适应于 PSCICQ 结构的改进。

由于信元通过 PPS 结构有可能导致信元失序，如何避免失序是 PPS 结构调度算法研究的关键问题之一，本文首先分析一下导致信元失序的原因。

- Cell 在解复用器缓存中失序。因为负载平衡的需要，到同一输出端口的 Cell 将被均分到各个交换层对应的 FIFO。由于各个 FIFO 的拥塞状况不尽相同，这些 Cell 在 FIFO 中的排队时延因而也不一样，它们抵达 PPS 结构的先后次序可能因为排队时延不相同而被扰乱。当然，同一 FIFO 中的 Cell 是不会失序的。

- Cell 在中间交换平面中失序。与上面的分析同理，Cell 将因为在各个交换平面中不同的排队时延而失序。

定理 3 使用 RR 负载分担算法和同步调度算法，能够保证同一条流的信元保序。

证明：对第 1 个时隙，定理 3 显然成立。

假设在时隙 M 结束后，定理 3 成立。由归纳法，那么只需要证明在时隙 M+1 结束后，定理 3 依然成立。由结论 3 得知，对于任何流 f 在一个时隙结束后，要么所有信元分布在不同的交换平面，要么 K 个最老信元分布在不同的交换平面。那么在时隙 M+1，同步调度算法将另一条流 fa 的 a（$1 \leqslant a \leqslant K$）个最老信元交换到不同的 XPBsj，由结论 2 可知，这 a 个信元按序以循环方式分布在队列 XPBsj 中。在时隙 M 结束后，由结论 3 可知，只要输出队列 XPBsj 不全部为空，就存在流 f 的 d（$1 \leqslant d \leqslant K$）个最老信元循环分布在 XPBsj 队列头中，在时隙 M+1 内，复用器 Mj 将流 f 的 d 个最老信元发送到输出端口 j，在时隙 M+1 结束后，fa 的 a 个最老信元循环分布在 XPBsj 队列头中。定理 3 在时隙 M+1 结束后，依然成立。证毕。

既然使用 RR 负载分担算法和同步调度算法可以保证同一条流的信元不失序，我们只需考虑输出调度器和汇聚模块之间怎样相互协同实现信元按序发送，对于解复用器与 CICQ 平面输入调度器之间使用 LQF 调度算法实现信元按序发送，本文不再赘述。

5.3.4 DPRR 汇聚模块调度机制

1. 保序机制

NK 个输出调度器和 N 个汇聚模块之间如何保证每流的信元不失序，本文采用如下算法：

每个平面的每个输出调度器 j 和汇聚模块 M_j 连接，任一平面 k 的输出调度器 j 使用 RR 轮询算法，从交叉点缓存队列 XPB^k_{ij} 发送一个信元到汇聚模块 M_j，N 个输出调度器并行工作，K 个平面执行同步调度算法。

输入调度器为每个输出端口 j 保持一个 FIFO 列表，用于记录每次执行同步 LQF 算法时交换到交叉点缓存队列 XPB^k_{ij} 的信元数目（由结论 3 可知，每次调度交换的信元数目要么是 K 个，要么是全部的信元）。因此，每当执行到输出端口 j 时，输入调度器将参数 p 添加到 FIFO 列表的尾部，参数 p 就是非空 VOQ^k_{ij} 队列的数目。若 p≠K，解复用器 D_i 将计数器 $COUNT_{ij}$ 重置为 0。因为每条流的最老信元在第一个交换平面，因此只需在每个时隙从输入调度器的 FIFO 列表，检索参数 p，然后输出调度器并行轮询从交叉点缓存队列 XPB^1_{ij},…,XPB^K_{ij} 到开始依次读出 p 个队头信元发送到汇聚模块 M_j。

2. 支持区分 QoS 机制

按照第三章第二节研究内容对 QoS 划分，GD 类优先级最高，为了防止其过度传输，为每个 GDi 设定一个峰值速率，当实际传输速率高于该值时，其服务请求被拒绝；GB 类次之，该类业务享有确保最低带宽的服务，为每个 GBi 设定最低服务速率，保证其获得最低带宽；LG 类优先级最低，只能得到满足了 GD 和 GB 需求后的剩余带宽。该机制在前述研究成果的基础上，在汇聚模块增加少量缓存实现区分 QoS 保障，保证了交换对高层不同业务类的有效支持。汇聚模块内部结构如图 5-4 所示。

汇聚模块向输出链路调度的过程中，我们采用双指针轮询算法 DPRR（Double Pointer Round Robin），同时引入带宽控制机制，为每个 GD、GB 业务类设置一个计数器，周期性地计算每类业务 p 所实际获得的带宽，称为统计带宽，记为 Bp。与该类业务的预约带宽 BAp 进行比较，只有在某类业务的 Bp<BAp 时才可能获得调度，避免低优先级业务因为高优先级业务的过度服务而饿死。只有轮询到的子业务队列非空并且其份额（份额为子业务队列长度与优先级系数的相关函数）不为零的才允许被调度输出。

汇聚模块信元整合算法流程如图 5-5 所示。

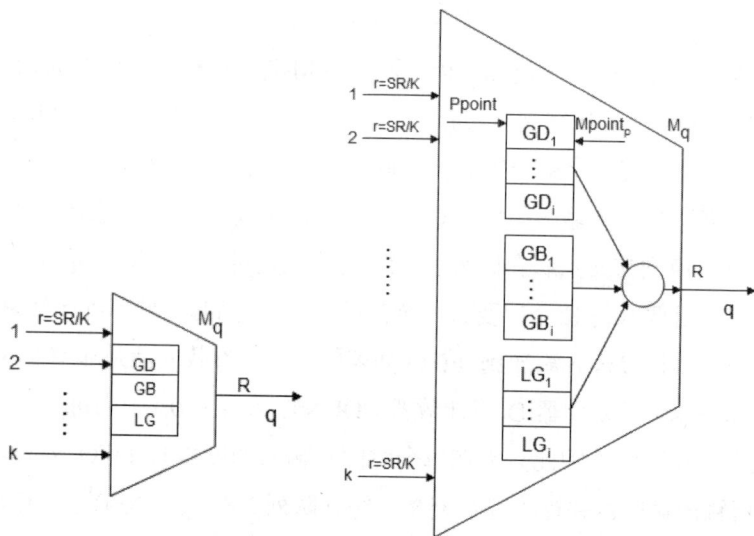

图 5-4　汇聚模块内部结构

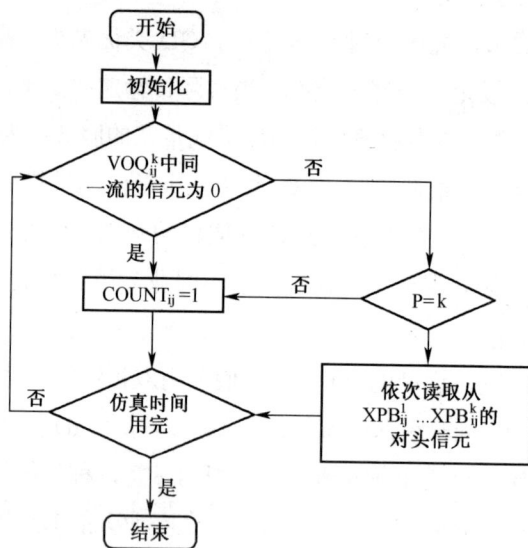

图 5-5　汇聚模块信元整合算法流程图

下面以汇聚模块 q 为例，描述算法：

每一个汇聚模块的调度器为每个服务类别（GD、GB、LG）都设置一个主指

针 M_{pointp}，指向每类服务的子类别 GD_j（GB_j、LG_j），同时设置一个优先级指针 P_{point}，在各个服务类之间进行轮询，起始状态 P_{point} 指向 GD 业务，指针 M_{pointp} 指向 GD_1，即指向 GD 业务的第一个子类。

（1）如果 GD_j（$1 \leqslant j \leqslant i$）非空，并且其份额不为 0，那么 GD_j 输出队头信元到输出链路 q，其份额减去 1，指针 M_{point1} 保持不变，调度器持续为 GD_i 服务，直到份额为 0 或 GD_j 为空。

（2）若 GD_j 份额为 0，按照轮转的方式在 GD 子业务中向下搜索，如果找到有非空且份额非 0 的 GD 业务队列 GD_r（$1 < r < i$），指针 M_{point1} 指向此队列，将其队头信元发送至输出链路 q，并且 GD_r 的份额取值为函数 Share(GD_r,t)，调度器为此 GD_r 服务；如果没找到 GD_r，则指针 M_{point1} 保持不变。

（3）如果 GD_j 份额不为 0，但统计带宽已大于预约带宽，那么优先级指针 M_{point1} 将指向该优先级队列保持不变，等到调度算法再次轮询为此类优先级业务服务时，便从此队列开始，同时更新在不同业务类间循环的指针 P_{point} 指向下一个业务类。

3. 份额计算

设 GDj[GBj, LGj]队列容量为 C，函数 Queue_Length(GDj[GBj, LGj],t)返回 GDj[GBj, LGj]在时隙 t 时的队长，P 类业务统计带宽为 Bp，不同业务优先级系数不同。

当 $0 \leqslant$ Queue_Length(GDj[GBj, LGj],t)$\leqslant$C 且 Bp< BAp 时：

Share(GDj[GBj, LGj],t) = (Queue_Length(GDj[GBj, LGj],t)/2）×优先级系数

5.4　性能分析

对于整个 PSCICQ 结构而言，根据 Round-Robin 的性质，目的端口为 j 的信元在 Q(i, k)（k=1, 2,..., K）是平均分配的，因此在$\sum$Q(i,k)也满足平均分配，即对解复用器 i 而言满足负载平衡。各解复用器独立工作，因此也满足负载平衡，即所有输入端口满足负载平衡。上文从理论上证明了采用 RR 负载分担算法和同步调度算法 PSCICQ 具有按序排队特性，从而实现了同一条流的信元经过交换平面

并行交换后不乱序。从理论分析该方案具有如下特性：

（1）可以实现 S=1，即不需要内部加速。S=1 时，内部链路速率为 R/K。解复用器的信元分配算法为轮询分配，对任一个输入端 i 的解复用器而言，目的端 j 的信元依次在层 {1,2...K} 中循环分配，当某一内部链路在一个外部时隙发送信元时，其发送一个信元所占用的外部时隙为 K 个，因此，一个内部时隙（即 K 个外部时隙）后链路重新为空闲状态，可以重新传送信元。所以可以不需要内部加速，具有较低的硬件开销。

（2）可以实现解复用器和汇聚模块独立工作，从而避免了大量的内部实时通信。此外，每一个解复用器按照轮询分配方式选择出层，只是在本端维护信息，所以解复用器能够独立工作。每一汇聚模块按照轮询的方式独立地从 K 个队列头部中取走信元，因此汇聚模块能够独立工作，具有较低的通信开销。

（3）该方案只需要在解复用器中设置大小为 NK 缓存，对于 N=1024，K=10，Cells 为 64B 而言，解复用器只需大小为 5Mbits 的高速缓存即可。如果采用 SRAM 技术，可以将缓存在片内实现；汇聚模块无须设置缓存就能够解决信元失序问题，具有较好的扩展性。

（4）PSCICQ 方案中，解复用器和中间层交换平面没有对各类业务进行区分服务的调度实现快速交换，只是在汇聚模块中为各类业务设置了单独的逻辑队列并执行了基于预约带宽的区分服务调度，这样做并不会影响各类业务所获得的服务质量（证明见定理 4），因此原有的 CICQ 交换结构可以在不做任何改动的情况下，直接被用作中间层交换平面，可以充分发挥 CICQ 的特性，从而提高已有资源的利用率，降低整个系统的实现成本。

（5）PSCICQ 能够以相对时延小于 2N 个内部时钟内近似的模仿 FCFS-OQ。由于只在解复用器设置大小为 NK 的缓存，输入端缓存的深度都为 N，因此具有有界的最大相对时延。

下面分别对性质 4 和 GD 业务的平均时延进行证明。

定义 9 PSCICQ′：将不支持区分服务的 PSCICQ 定义为 CDPPS′，即在 PSCICQ 输出端的每个汇聚模块中，取消为不同业务设置的逻辑队列和区分服务调度。

结论 4　PSCICQ′结构可以模仿一个 FCFS-OQ 交换结构。

证明　由于使用 LQF-RR 作为调度算法的 CICQ 结构能够模仿一个 FCFS-OQ 结构。因此，使用 CICQ 作为中间层平面的 PSCICQ′就可以看作是使用 FCFS-OQ 作为中间层平面的分布式并行分组交换结构。而根据第四章文献[1]，使用 FCFS-OQ 结构作为中间层平面的分布式并行分组交换结构可以模仿一个 FCFS-OQ，因此，PSCICQ′结构可以模仿一个 FCFS-OQ 交换结构。

定理 4　仅在 PSCICQ 的汇聚模块中对各类业务执行区分服务的调度，不会影响各类业务的性能。

证明　根据上面对 PSCICQ′的定义，在 PSCICQ 的汇聚模块中执行对各类业务的区分服务调度，可以看作是在 PSCICQ′的每个输出端口加入对业务的区分服务调度。根据结论 4，由于 FCFS-OQ 交换结构是无阻塞的交换，因此 PSCICQ′也可以看作能够提供无阻塞的交换。在 PSCICQ′的汇聚模块中加入对各类业务的区分服务调度，也就相当于在一个无阻塞交换结构的输出端加入对业务的区分服务支持，不会影响各类业务的性能。

对 GD 业务的平均时延进行证明：

根据网络监测数据[125]，当间隔时间小于 100ms 时，每一个业务流可以看作泊松过程到达，并且不同业务流的到达过程相互独立。

定义 10　P 类业务流建模为泊松过程 B_{ijp}，其到达速率为 V_{ijp}；输入端口 i 的业务到达过程建模为泊松过程 B_{ip}，其到达速率为 V_{ip}；输出端口 j 的业务到达过程建模为泊松过程 B_{jp}，其到达速率为 V_{jp}。因此，

$$V_{ip} = \sum_{j=1}^{N} V_{ijp}, \quad V_{jp} = \sum_{i=1}^{N} V_{ijp} \quad \forall p \in [1,P] \ i,j \in [1,N] \tag{9}$$

结论 5　解复用器 D_i 中的队列 $Q(i,k)$ 可以建模为 M/D/1 系统。

证明　按照前面的解复用器信元分派算法，每一个业务流被循环分派到各个平面，因此缓存到队列 $Q(i,k)$ 中的业务流的到达过程可以近似为具有到达速率 V_{ijp}/K 的泊松过程；而队列 $Q(i,k)$ 同时缓存了发往所有输出端口的业务流，因此队列 $Q(i,k)$ 可以近似看作是具有到达速率 $\sum_{j=1}^{N}(V_{ijp}/K)=V_{ip}/K$ 的泊松过程。同时由于

与 Q(i,k)相连的内部输入链路的速率为 r,即内部输入链路以固定的速率 r 从 Q(i,k) 中读取数据,因此 Q(i,k)可以看作是具有负载 V_{jp}/Kr 的 M/D/1 系统。

结论 6 中间层平面可以建模为 M/D/1 系统。

证明 由于 CICQ 结构可以模仿 FCFS-OQ 结构,这里将中间层平面 $CICQ_k$ 近似为 OQ'_k(1≤k≤K)。OQ'_k 的输入过程是所有输入端口的 Q(i,k)队列输出的汇合;因此 OQ'_k 的输入可以看作是具有到达速率 $\sum_{i=1}^{N}(V_{ijp}/K)=V_{jp}/K$ 的泊松过程;由于与中间层平面的输出相连的内部输出链路具有固定的速率 r,因此中间层平面可以建模为具有负载 V_{jp}/Kr 的 M/D/1 系统。

定理 5 GD 业务的平均时延为 $\dfrac{V_{ip}^2}{2K^2r^2-2KrV_{ip}}+\dfrac{V_{jp}^2}{2K^2r^2-2KrV_{jp}}+2K$。

证明 由于 GD 业务在汇聚模块中具有最高的优先级,因此 GD 业务在汇聚模块中的时延可以忽略。GD 业务的时延主要由三部分组成:在解复用器队列 Q(i,k) 中的排队时延 T1、在中间层平面的排队时延 T2 和在内部链路中的传输时延 T3;根据结论 4 和结论 5,T1 为 $\left(\dfrac{V_{ip}}{Kr}\right)^2 \bigg/ 2\left(1-\left(\dfrac{V_{ip}}{Kr}\right)\right)$,T2 为 $\left(\dfrac{V_{jp}}{Kr}\right)^2 \bigg/ 2\left(1-\left(\dfrac{V_{jp}}{Kr}\right)\right)$,内部链路传输时延 T3 为固定值 2K。因此 GD 业务的平均时延为:

$$\frac{V_{ip}^2}{2K^2r^2-2KrV_{ip}}+\frac{V_{jp}^2}{2K^2r^2-2KrV_{jp}}+2K$$

5.5 仿真结果与分析

1. 仿真实验环境

使用 C++面向对象技术开发了模拟仿真交换环境。仿真从负载分配均衡度、带宽分配公平度、时延和吞吐率几个方面对系统性能进行评估,分别在均匀与非均匀业务流量下进行。系统以定长的信元作为业务处理单位,突发长度为 100,

目的端口分布采用均匀分布和非均匀分布两种，每个输入端 GD、GB 和 LG 业务的比例依次为 30%、50%、20%，预约带宽分别为 0.30、0.50、0.20，负载从 0.1 变化到 1。在验证并行交换系统 PSCICQ 带宽分配的公平性能时，把交换系统规模设置成 4×4 的，同时让业务源产生的所有信元去往同一个输出端口以产生过载环境，在验证时延、吞吐率和负载分配均衡度性能时采用 16×16 的交换结构，中间交换平面数设为 8，在验证吞吐率、时延和负载均衡系数性能与中间交换平面数目的关系时，采用 32×32 的交换结构，交换平面数分别设置为 4、8 和 16，单次仿真周期为 100000（10^5）时隙。

2. 仿真结果分析

图 5-6 为 GD、GB、LG 三种业务在 ON-OFF 均匀业务流下的带宽分配。从图中可以看出，在负载达到 0.3 之前，三种业务所获得的带宽均处于上升趋势，所获得的带宽与其各自的到达速率相当，这是因为此时的业务量还没有达到过载状态，三种业务还都没有收到其预约带宽的限制；当负载超过 0.3 之后，业务量过载，三种业务均在其预约带宽的限制下获得相应的带宽，图中所示数据表明，在并行交换系统 PSCICQ 中，因高优先级业务和低优先级业务之间的带宽竞争，造成在交换系统负载较重时，低优先级业务因带宽被高优先级业务抢占所导致的饿死现象是不存在的，各种优先级的业务均能在其预约带宽的限制下公平地获得交换系统所提供的带宽，这表明 PSCICQ 具有很好的公平性，能够为各种类别的应用提供满意的服务。

图 5-7 所示为 GD、GB 两种业务在均匀和非均匀流量下的平均时延曲线，主要反应两种业务随负载的增加时延的变化情况。从图中可以看出，在负载较轻时，两种业务均具有较好的时延特性，当负载较重时，时延性能会有所下降，尤其对于非均匀业务流更为明显。这主要是因为当负载的增加达到某一程度后，在交换系统同等的处理条件下，交换网络的拥塞程度会随着负载的继续增加而变大，造成交换系统的处理能力有所下降，增加信元等待处理的时间，对于非均匀分布的业务流，因为信元会较为集中地去往某些端口，这样就使得某些处理单元的负载相对较重，而同时另外一些处理单元的负载则相对较轻，较重处理单元的信元要长时间等待处理，而较轻的处理单元则可能出现空闲，这就更会造成系统的整体

性能难以得到充分的发挥，使得信元的等待处理时间较多的增加，造成时延性能的下降。但两种业务的时延均具有界限。

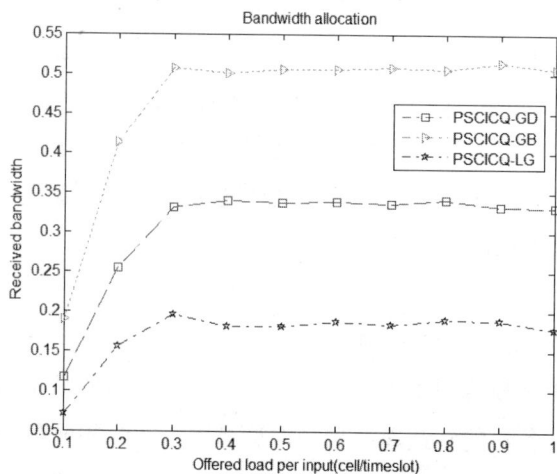

图 5-6   均匀业务流下的带宽分配

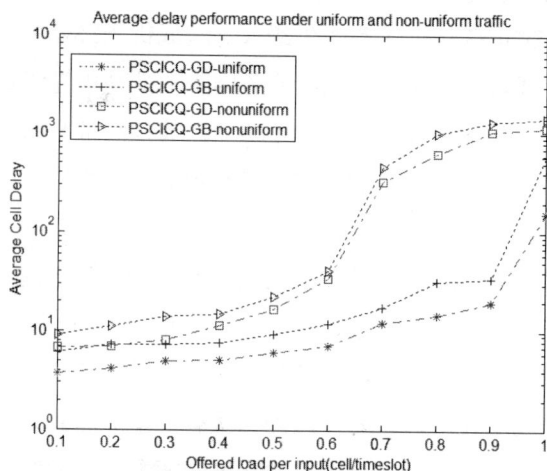

图 5-7   均匀和非均匀业务流下的平均时延

图 5-8 反应了在均匀与非均匀业务流量下，系统的吞吐率随负载的变化情况。从图中可以看出，吞吐率随着负载的增加有所下降，但下降的幅度较小，在最大负载情况下，系统仍具有良好的吞吐率性能。

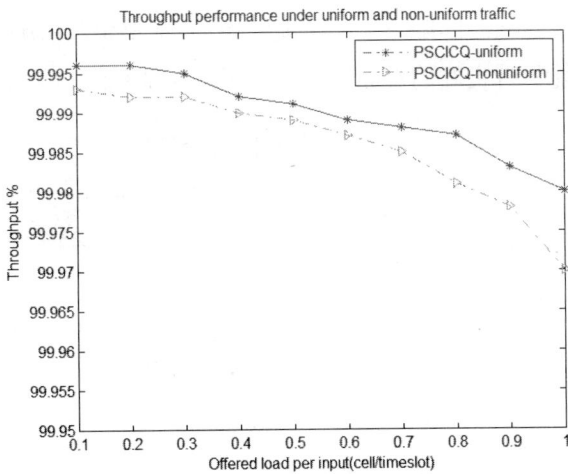

图 5-8　均匀和非均匀业务流下的吞吐率

图 5-9 为在均匀与非均匀业务流量下，系统的负载均衡系数随负载的变化情况。从图中可以看出，负载均衡系数的变化区间在（1,1.0016）之间，说明进入到各个中间交换平面进行处理的信元个数的差别不大，系统具有较好的负载均衡性能。

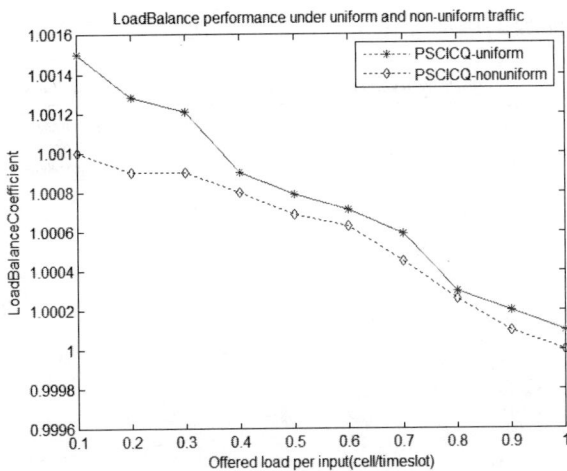

图 5-9　均匀和非均匀业务流下的负载均衡系数

图 5-10 反应了在非均匀业务流下系统吞吐率与中间交换平面数的关系。随着中间交换平面数的增加，系统吞吐率会有所下降，因为中间交换平面数的增加使

得在执行同步调度算法时匹配不上的可能性增加, 在重负载情况下表现更为明显, 但总体上系统仍能保持良好的吞吐性能, 这可以保证系统具有较好的可扩展性。

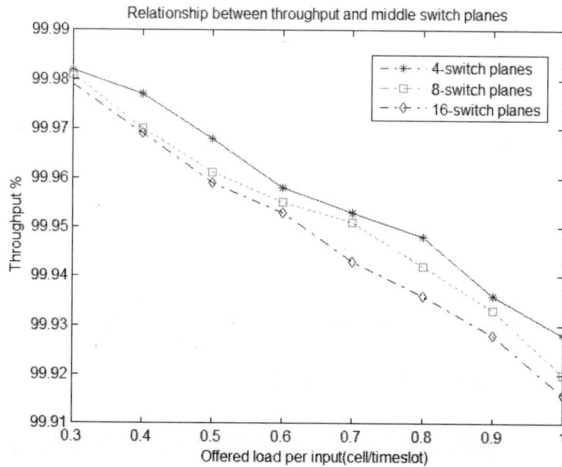

图 5-10　吞吐率与中间交换平面数关系

　　图 5-11 是在非均匀业务流下负载均衡系数与中间交换平面数的关系, 负载均衡系数随交换平面数的增加变化不大, 能够满足扩展性的要求。

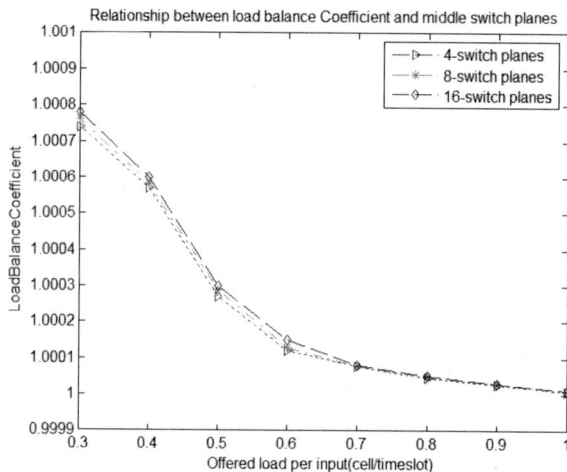

图 5-11　负载均衡系数与中间交换平面数关系

　　图 5-12、图 5-13 分别为在非均匀业务流量下，GD 和 GB 业务的平均时延与中间交换平面数的关系。从图中可以看出，随着中间交换平面数的增加，两种业务的平均时延都会增加，因为中间交换平面数的增加会使得信元进出中间交换平面的速率变低，中间交换平面的工作速率也会随之变低，系统整体工作效率变低，增加信元的等待时间，使得延迟增大，但总体上延迟性能下降很有限，不影响系统扩展。

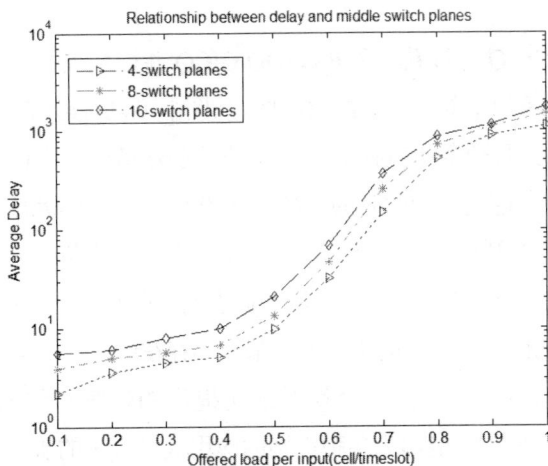

图 5-12　GD 平均时延与中间交换平面数关系

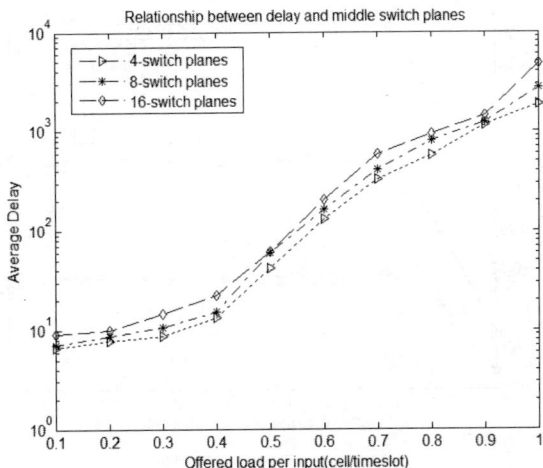

图 5-13　GB 平均时延与中间交换平面数关系

仿真实验说明，文中提出的基于标识支持区分 QoS 的新型 PPS 实现方案是有效的，方案在保证业务信元传输顺序的前提下，对不同类别的业务提供了相应的 QoS 保障，方案能够比较均衡地将负载分配到各中间交换平面，具有较高的吞吐率，能够满足应用需要，对不同类别的业务能够进行公平的处理。

5.6 PSCICQ 和 PSVIOQ-CICQ 的比较

图 5-14 为 PSCICQ 并行系统和 PSVIOQ-CICQ 并行系统中，GD、GB、LG 三种业务在 ON-OFF 业务流下的带宽分配情况图。从图中可以看出，在负载达到 0.3 之前，两个并行系统中，三种业务所获得的带宽均处于上升趋势，所获得的带宽与它们各自的到达速率相当，这是因为此时的业务量还没有达到过载状态，三种业务还都没有收到其预约带宽的限制。当负载超过 0.3 之后，业务量过载，三种业务均在其预约带宽的限制下获得相应的带宽。图中所示数据表明，在并行交换系统 PSVIOQ-CICQ 和 PSCICQ 中，低优先级业务的饿死现象都是不存在的，各种优先级的业务均能在其预约带宽的限制下公平地获得交换系统所提供的带宽，这表明并行交换系统 PSVIOQ-CICQ 和 PSCICQ 能够为各种类别的应用提供公平的服务。

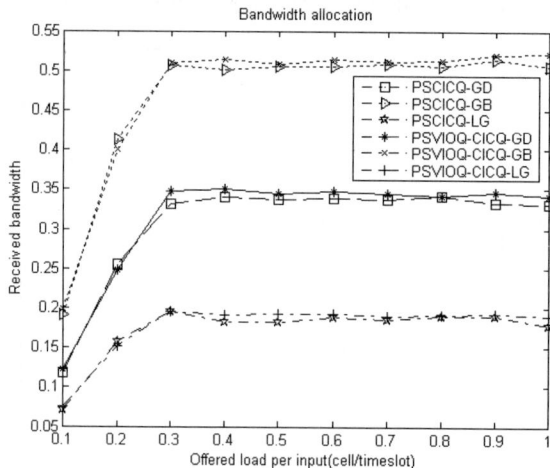

图 5-14 带宽分配对比

　　图 5-15 和图 5-16 所示为 PSCICQ 并行系统和 PSVIOQ-CICQ 并行系统中 GD、
GB 两种业务在 ON-OFF 均匀和非均匀流量下的平均时延曲线，主要反应两种业
务随负载的增加时延的变化情况。从图中可以看出，在负载较轻时，两种业务均
具有较好的时延特性，当负载较重时，时延性能会有所下降，这主要是因为当负
载的增加达到某一程度后，在交换系统同等的处理条件下，交换网络的拥塞程度
会随着负载的继续增加而变大，造成交换系统的处理能力有所下降，增加信元等
待处理的时间，造成时延性能的下降。同时图中也清楚地表明，PSVIOQ-CICQ 并
行系统中两种业务的时延性能都明显低于 PSCICQ 并行系统，主要是为了提高
PSVIOQ-CICQ 并行系统的 QoS 保障能力，在合路器中设置了优先级队列，而信
元的时延的一个部分就是来自于排队等待时间，所以增加一级等待队列势必会增
大信元的时延。但从图中可以看出，两种业务的时延均具有界限。

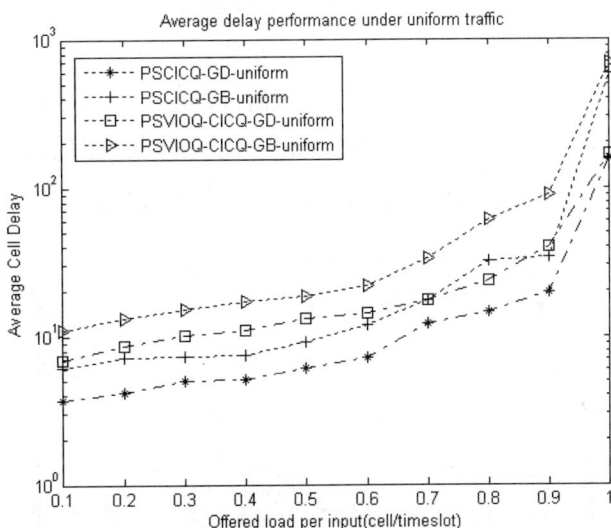

图 5-15　均匀业务源下 GD、GB 的时延对比

　　比较图 5-15 和图 5-16 可以清楚地看出，在 PSCICQ 并行系统和 PSVIOQ-CICQ
并行系统中，GD、GB 两种业务在非均匀业务源下的时延性能都明显低于在均匀
业务源下的时延性能。同时我们还可以看出，随着负载的增加，时延的增加趋势
也有较大区别，图 5-15 中是当负载大于 0.9 时，时延增加的趋势明显增强；而在

图 5-16 中，当负载大于 0.6 时，时延的增加趋势就明显增加，这主要是为了保证信元的传输序列，负载均衡算法以轮转的方式将同一业务流的信元以固定的周期依次分配到各个中间交换模块，而信元整合算法又以同样的顺序为信元服务，这就使得某些信元被分配到的中间交换平面并非其最理想的中间交换平面，比如某个信元 i 要去往输出端口 j，每个中间平面都可以将其转发到输出端口 j，假设某一时隙有中间交换平面 k 空闲，可以为信元 j 服务，但在负载均衡算法的调度下，信元 i 被发送到了中间交换平面 m，而此时中间交换平面 m 又处于繁忙状态，无法为信元 i 提供服务，这就会造成信元 i 在中间交换平面滞留时间的增加，进而增加了信元 i 的传输时延。随着负载强度的增加，出现这种情况的可能性也会显著增加，信元在中间交换平面的等待时间将会进一步延长，对于非均匀分布的业务流，因为信元会较为集中地去往某些端口，这样就使得某些处理单元的负载相对较重，而同时另外一些处理单元的负载则相对较轻，较重处理单元的信元要长时间等待处理，而较轻的处理单元则可能出现空闲，这就更会造成系统的整体性能难以得到充分的发挥，使得信元的等待处理时间的增加，造成时延性能进一步下降，使得非均匀业务源下的时延性能整体低于均匀业务源下的时延性能，并且随着负载的增加，非均匀业务源下的时延性能也更快地降低。

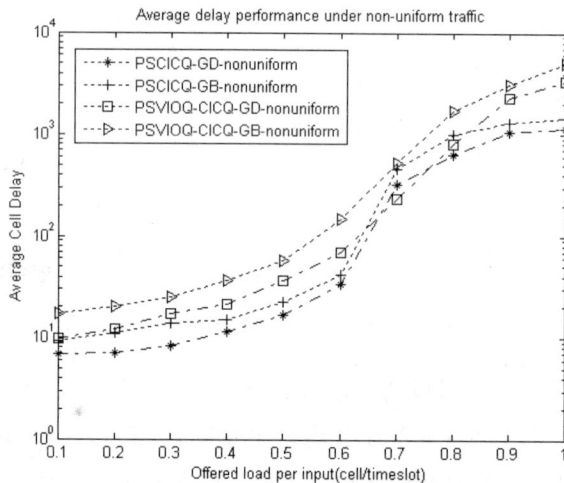

图 5-16　非均匀业务源下 GD、GB 的时延对比

图 5-17 所示为 PSCICQ 并行系统和 PSVIOQ-CICQ 并行系统在 ON-OFF 均匀
与非均匀业务流量下，系统的负载均衡系数随负载的变化情况。从图中可以看出，
负载均衡系数的变化区间在（1,1.0016）之间，说明系统具有较好的负载均衡性能。

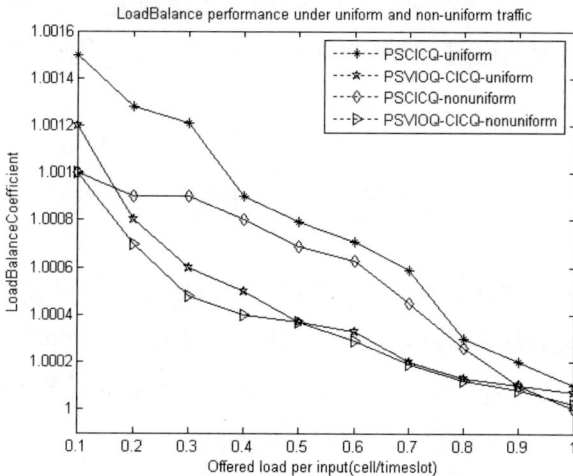

图 5-17   均匀、非均匀业务源下的均衡系数对比

图 5-18 反应了 PSCICQ 并行系统和 PSVIOQ-CICQ 并行系统在 ON-OFF 均匀
与非均匀业务流量下，系统的吞吐率随负载的变化情况。

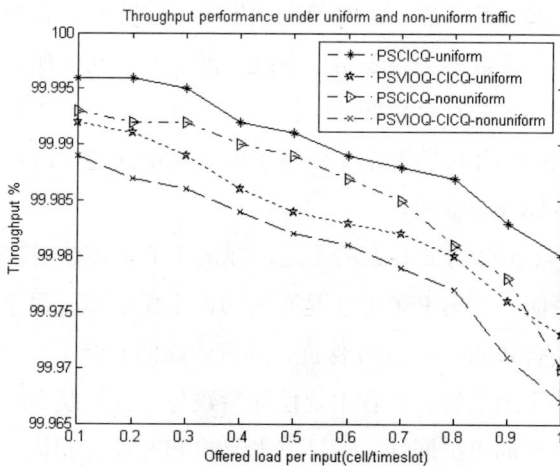

图 5-18   均匀、非均匀业务源下的吞吐率对比

从图中可以看出，吞吐率随着负载的增加有所下降，但下降的幅度较小，在最大负载情况下，系统仍具有良好的吞吐率性能，说明两个并行系统都具有较好的吞吐率性能。还可以看出，PSVIOQ-CICQ 并行系统的吞吐率性能从总体上低于 PSCICQ 并行系统，尤其是在非均匀业务源下，当负载大于 0.8 时吞吐率性能要更低些，出现这种情况的原因与上述出现时延差别的原因相似，两者的变化也是一致的。

5.7　本章小结

本章在对 PPS 性能及其调度算法分析研究的基础上，从全新的角度考虑问题，将标识的概念引入并行交换结构，针对并行交换中保序问题以及支持不同类的服务需求问题展开研究，提出两种基于标识支持区分 QoS 的新型 PPS 解决方案，从而满足大容量和对多种网络业务提供良好的 QoS 保障。

在 PSVIOQ-CICQ 方案中，我们采用在输出缓存引入 VIQ 队列结构的办法保证信元的传输顺序，基于此设计负载均衡器和分组整合器的调度算法，能够为不同服务需求的的业务提供 QoS 支持。仿真实验结果表明，该系统解决方案能够对进入系统的负载进行均衡的分配，在无需内部加速的情况下能够获得 99% 以上的吞吐率，具有较好的吞吐性能。同时仿真结果中，吞吐率、负载均衡系数以及时延性能与中间交换平面数的关系表明，系统性能随着中间交换平面数目的增加出现明显的下降，说明系统具有良好的可扩展性，该方案基本达到了设计目标的要求，能够适应未来网络环境的要求。但系统的吞吐率性能和时延性能在非均匀业务源下还有进一步提升的空间。

针对 PSVIOQ-CICQ 方案存在的不足，提出了 PSCICQ 解决方案。理论分析和模拟仿真实验表明，方案 PSCICQ 是有效的，不仅实现了保序功能，同时能对不同的业务类提供有效的区分 QoS 保证，具有较高的吞吐率，带宽分配能够在不同类别的业务间公平地进行，几种主要性能参数与并行系统中间交换平面数的关系表明系统具有良好的可扩展性。与目前主流的 PPS 设计相比，这一体系结构不需要内部加速，实现机制简单，具有较好的扩展性，非常适合高速网络环境。

从两种方案仿真结果的比较可以看出，PSCICQ 方案在吞吐率和时延方面比 PSVIOQ-CICQ 方案有明显的改善，在均匀和非均匀业务源下，PSCICQ 方案的吞吐率性能都有所提升，时延都有所下降，尤其在重负载情况下，信元时延的下降更加明显，这使得 PSCICQ 方案能够为不同的业务应用提供更好的 QoS 保障。但同时从比较中我们也可以看出，PSCICQ 方案的负载均衡性能稍差于 PSVIOQ-CICQ 方案。

参考文献：

ZHANG Z L, RIBEIRO V J, MOON S. Small-time scaling behaviors of Internet backbone traffic: an empirical study[C]. Proceedings of IEEE INFOCOM2003,San Francisco, April 2003. 1826-1836.

第六章　支持 QoS 的多级交换结构研究

本章在分析三级 Clos 网的基础上，提出了一种支持 QoS 的三级 Clos 分布式交换结构。对该结构进行区分服务模型的引入，分别从输入端口和输出端口进行了设计与分析；并从算法的有效性和复杂度等方面，对提出的交换结构的可扩展性和 QoS 策略作了分析。最后在交换网络输入端，利用改进的 Diff-Serv 模型进行数据流的区分，在 Diff-Serv 域内确保优先级高的业务流得到更好的服务质量，提出了 DHIRRM 调度算法，使该交换结构的设计能提供优良的 QoS 策略。

6.1　引言

近年来，随着互联网高带宽网络业务的兴起，如 IPTV[1]、电子科学[2]（E-Science）等，对交换路由设备的交换容量和 QoS 保证能力提出了新的挑战。交换容量的扩展主要依赖于交换结构的端口数量和端口速率的提高。为了提高端口数量，人们开始在分组交换领域采用多级互连网络（Multistage Interconnection Network，MIN），典型的 MIN 结构有 Clos 网络[3]、Banyan 网络[4]、Baseline 与 Reverse Baseline 网络[5]以及间接 n-Cube 网络[6]等。目前多级交换网络中，三级 Clos 网结构是采用基本交换单元来搭建大型交换网络的最常用的拓扑结构，三级 Clos 网技术已成为当前国内外研究的热点。正是由于三级 Clos 网络具有良好的模块性和非阻塞特性，同时还可以用单级交换结构构建同等规模的交换结构，需要较少的资源，使之适宜构建大规模的可扩展的交换结构。研究新型多级网络交换技术不仅有利于充分利用现有网络资源、提供更好的网络服务和节约网络建设成本，而且在下一代互联网络技术的研究中也很有参考价值。

本文在分析研究三级 Clos 网交换结构和调度算法的基础上，对三级 Clos 网交换结构进行改进，提出了一种支持 QoS 的三级 Clos 分布式交换结构，并基于此结构提出了一种基于时限优先级可预测匹配的调度算法——DHIRRM 算法，该算法使三级 Clos 网互连交换结构能够提供更好的 QoS 保证。

6.2　支持 QoS 的三级 Clos 分布式交换结构

支持 QoS 的三级 Clos 分布式交换结构也包括三级：输入级、中间级和输出级，其结构框图如图 6-1 所示。

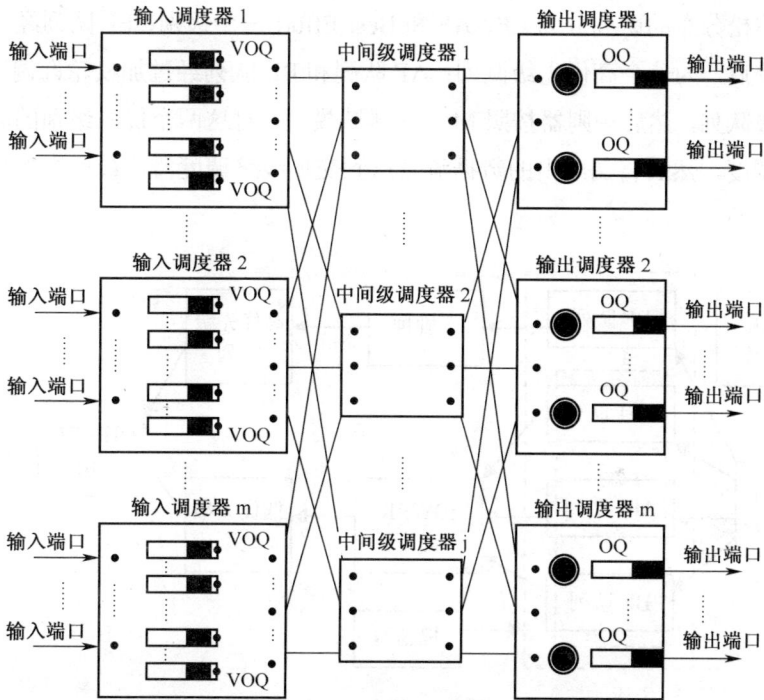

图 6-1　支持 QoS 的三级 Clos 分布式交换结构

与三级 Clos 网不同的是：一方面，在输入级模块增加了队列管理器，用于管理 VOQ 队列以消除 HOL 阻塞，当队列状态发生符合设定条件的变化，在一个周期开始后，立即为符合条件的 VOQ 队列产生状态信息，并发送到相应的输出级模块的输出调度器；另一方面，在输出级模块中为每个输出端口增加一个输出调度器,用于当多个数据包竞争同一输出端口和输出级的输出队列信元重组的缓存;另外还提出了输出级要配置令牌发生器,使其队列按照队列长度比例安排令牌表,分配令牌,并配合流量函数用于调度输入流对相应输出带宽的竞争,使之更容易获得第一级链路的负载均衡。

6.2.1 输入端口的设计

输入端口的方案设计如图 6-2 所示,主要是数据流分类和输入端口优先级排队调度。利用改进的 Diff-Serv 模型对数据流进行分类,将到达输入队列的数据流按服从泊松分布的队列分为 EF、AF 和 Best-Effort 三个级别,EF 队列经过一个令牌桶过滤后,为一个高优先级队列;AF 队列和 BE 队列经过加权轮询调度,为以低优先级队列,然后规则器按照 M/M/3 排队模型,对这两个优先级别的队列进行优先级调度,然后将调度出的数据流发送到交换线路调度器,最后进入输入级的VOQ 中。

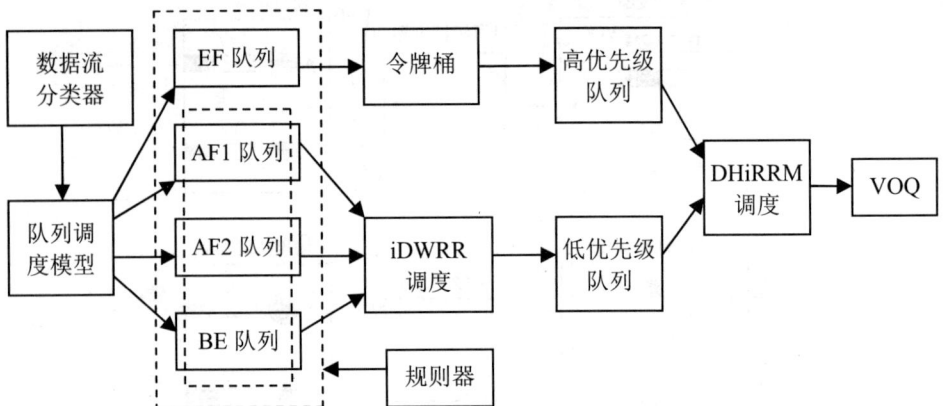

图 6-2 输入端口设计

数据流分器的主要作用是将传输的数据包按类分成不同的传输流。当数据包进入网络接口后,按照改进的 Diff-Serv 区分服务模型对数据流进行区分,发送到不同类型的三个队列中。进入队列后再通过规则器进行调度,然后将调度出的优先级队列发送到交换线路的输入端口的 VOQ 中,再按照交换线路上的调度,将输入端口和输出端口进行匹配。

1. 队列调度模型

为了本设计能够实现更优良的服务质量，队列模型的设计也必不可少。QoS 的目的是为不同等级的业务流提供不同的服务质量。从应用程序看来，服务质量无非是带宽和延迟，具体表现为，对于路由接口按照权重分配转发能力。下面介绍一下队列模型。

首先定义变量参数：变量 DC 是 deficit 计数器；数组 Current Queue：记录当前有分组等待发送的队列；函数 Acquire PHB()：获得分组的 DSCP 值；函数 Setqueue()：将新到达的包放到相应的队列，由 Current Queue 管理；函数 Exist In Current Queue()：判断队列索引是否在数组 Current Queue 中。

```
Initialization:
DC (j)=0  j=1，2，3    //将 AF1、AF2、BE 队列的 deficit 计数器初始化为 0
When separate Packet arrives:
i= Acquire PHB ( P )
    If (i==EF)
Setqueue ( P，EF )
    else
        switch(i)
{case AF1:
    If ( Exist In Current Queue (AF1)=FALSE)
        Insert Current Queue (AF1)，DC(AF1)=0
            Setqueue (P，AF1)
caseAF2:
    if( Exist In Current Queue (AF2)==FALSE)
        Insert Current Queue (AF2)，DC(AF2)=0
            Setqueue (P，AF2)
Case BE:
    If (Exist In Current Queue (BE)==FALSE)
        Insert Current Queue (BE)，DC(BE)=0
            Setqueue (P，BE)}
When PHB Packet scheduling:
While ( TRUE )
{if ( Empty (High Queue) == FALSE)
Send ( Head (High Queue))
else
```

Send (Head (Low Queue))
}

在调度过程中，调度器访问每个非空队列，如果位于队列头部的包长度大于 DC，那么调度器移动到下一个队列。如果队列头部的包小于或等于 DC，那么变量 DC 减少包长字节数，并传送包到输出端口。调度器继续输出包和减少 DC 的值，直到队列头部的包长度大于变量 DC 的值或队列为空为止。剩余的 DC 值将作为信用值累加到下次循环调度时使用，如果队列为空，DC 设为零，此时移动调度器服务下一个非空队列。而队列分组延迟就是来自于交换机上的排队时延，队列模型就是这样一种自然而然的模型：如图 6-3 所示，为了使分组的延迟不出现大的抖动和向上的毛刺。在每个分组从代表不同业务流等级的输出队列进入硬件队列之前，先要插入调度队列的合适位置（根据权重和其他条件）。

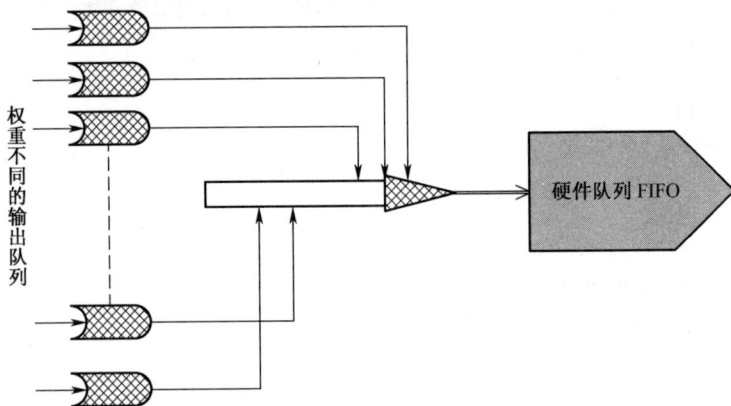

图 6-3　队列模型体系结构图

采用这样的模型是基于以下考虑：

（1）队列模型是在分组一进入队列的时候就确定下其最晚的转发次序，其最晚的转发次序是按照其权重比例赋予的，以此保证在最坏的情况下，分组的延迟与权重是成比例的（假设转发每个分组所用的时间都是一样的）。

（2）这种模型具有一定的能力应付一定范围内的突发的流量。高权重队列的分组和低权重队列的分组之间往往会余有空间，作为突发缓冲区，缓解高权重的分组突然大量增加造成的恶化；并且每个分组到达的时候，它在调度队列中的位置表示了其最晚转发次序，不会因为高权重队列的分组的挤占而无限推迟。

2. M/M/3 排队模型

在本章所讨论的支持 QoS 的三级 Clos 分布式交换结构中，建立一个 M/M/3 排队系统模型，主要针对一类输入为数据到达服从泊松分布，服务时间为负指数分布的排队系统，并列的服务队列的个数为 3 个，系统容量和数据流量无限。

建立的 M/M/3 排队模型，对于输入过程采用服从泊松过程的数据流，即在[0,t]内到达的数据数量 N(t)相应的随机过程是服从泊松过程，即 N(t)的概率分布为：

$$P(N(t) = k) = \frac{(\lambda t)^k}{k!} e^{-\lambda t}, \quad k=0,1,2\cdots \tag{1}$$

服务机构：对于 M/M/3 排队系统模型中，每一个服务机构队列都有优先级 H_i（$H_1 < H_2 < \cdots H_i$），可以把 EF 队列、AF 队列、Best-effort 队列的发送优先级分别初始设置为不同发送优先级。本文利用 Diff-Serv 模型将数据流分为三种不同的优先级队列，这三个队列服务机构采用的是负指数分布，$\{T_n\}$中各个 T_n 相互独立，且都服从相同的负指数分布：

$$P(T_n \leq t) = \begin{cases} 1 - e^{-\mu t} & t \geq 0 \\ 0 & t < 0 \end{cases} \tag{2}$$

排队规则：采用的是基于发送优先级的 deficit 循环队列排队算法。它是基于 Iterative Weighted Round-Robin 调度算法（一种基于 Round-Robin 的加权式调度算法），加权分配是根据在每个非空的队列中每个 deficit 计数器的值 d。deficit 计数器初始值为 0，当调度器使用 Round-Robin 方式轮流服务每一个非空的队列时，调度器将会试图服务一个定量长度 f，而若 deficit 计数器的值为 0，则调度器将会服务位于队列开头且数据报长度小于或等于 f 的数据报，倘若位于队列开头的数据报长度大于 f，则调度器将放弃服务该数据报并将该数据报的长度加至 deficit 计数器中，并继续服务下一个未空的队列，当 deficit 计数器的值不等于 0 时，调度器将会服务位于该队列开头且数据报长度小于或等于 f+d 的数据报。

基于优先级的 deficit 调度算法的流程图如图 6-4 所示。

通过基于发送优先级 deficit 循环队列排队算法，将不同优先级的队列进行调度，优先级高的队列享有高的服务质量，即保证其被优先发送。在保证高优先级数据被优先发送的前提下，也要尽力保证发送低优先级任务数据，避免高优先级的任务队列中还有任务数据时，低优先级的任务数据就不会被发送的缺陷。

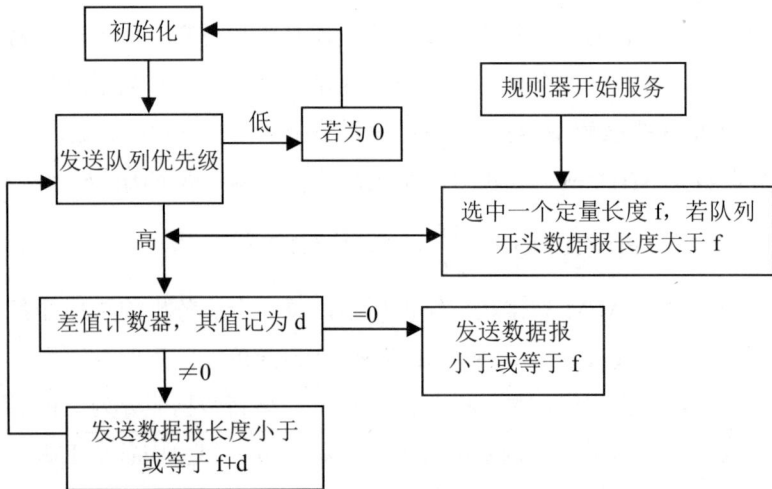

图 6-4　iDWRR 调度算法流程图

3. 令牌桶

为避免 EF 业务流量占用过多的带宽，采用令牌桶过滤器作为 EF 流量调节器算法，以控制 EF 流量。图 6-5 是令牌桶的示意图。

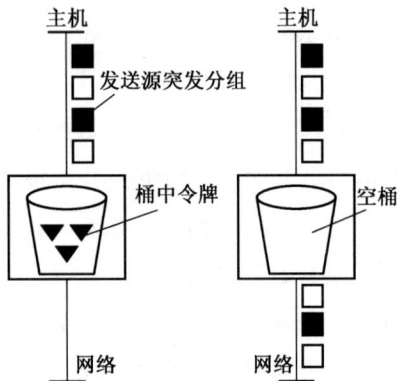

图 6-5　令牌桶示意图

　　令牌桶本身没有丢弃和优先级策略，令牌桶过滤器是这样工作的：令牌以一定的速率放入桶中；每个令牌允许源发送一定数量的比特；发送一个包，流量调节器就要从桶中删除与包大小相等的令牌数；如果没有足够的令牌发送包，这个包就会等待，直到有足够的令牌（在整形器的情况下或者包被丢弃）；桶有特定的容量，如果桶已经满了，新加入的令牌就会被丢弃。

　　令牌桶的控制机制是基于令牌桶中是否存在令牌，来指示什么时候可以发送流量。对于不符合令牌桶过滤器要求的 EF 业务流，在不同的实现中可以采用不同的措施来进行处理，比如丢弃分组或重新标记分组 PHB 类型。

　　然而由于 EF 流量要求低丢包率、低延迟、低抖动、具有带宽保证，并且当大的突发负载到来时，网络必须能够及时地做出反应，因此需要一个更有弹性的、更适合避免分组丢失的流量调节算法。令牌桶算法就是这样一个算法。

　　在该算法中，每隔△t 秒生成一个令牌，每一个令牌都代表一个字节，生成的令牌将被存放到令牌桶中。令牌桶过滤器可由两个参数描述：用 L 表示令牌桶的最大深度，S 表示令牌的产生速率。当长度为 X 比特的分组通过时，将消耗桶内 X 个令牌，即每个比特消耗一个令牌。如果令牌桶中存在令牌，则允许发送流量；而如果令牌桶中不存在令牌，则不允许发送流量。当发送源在发送分组时，若令牌桶内始终有足够的令牌供其使用，不会因没有令牌而等待，那么流量就可以以峰值速率发送。这时称发送源的流量符合令牌桶过滤器（S,L）。

　　令牌桶过滤器允许发送源发送突发的分组，此时突发分组的总的比特数等于令牌桶内令牌的数量，显然，它小于令牌桶的最大深度 L。因此，符合令牌桶过滤器（S,L）的发送源平均发送速率应小于或等于 S。根据上述特征，网络可以很方便地对 EF 业务流采取适当的操作。

　　令牌桶算法描述：

```
While (TRUE)
{ if ( Empty (EF) == FALSE );
   If ( Current Tokens > S );
     Current Tokens = S;
   If ( X > S );
     Remark ( X );              //重新进行标记分组的 DSCP
     Enqueue ( X，BE );
```

```
    If ( Current Tokens > X);
    Enqueue ( X，High Queue );
}
```

采用该算法策略能够为 EF 流量分配高于 AF 和 BE 流量的优先级，减少 EF 流量的延迟和抖动，同时对 EF 流量的最高流量进行有效地控制，避免 AF、BE 流量出现"饥饿状态"。

6.2.2 输出端口的设计

在输出端口，当数据流从输入端口中经由交换结构进入相对应的输出端口时，数据流会再次被数据流分类器所处理，数据流分类器都将以报头中的信息进行分类，并将数据流报送至对应其种类的队列中，可将不合适的数据流交给丢弃器处理，然后经过整形器的处理，把数据报发送输出。输出端口的方案设计如图 6-6 所示。输出端口的区分服务队列调度设计与输入端口设计大致相同。

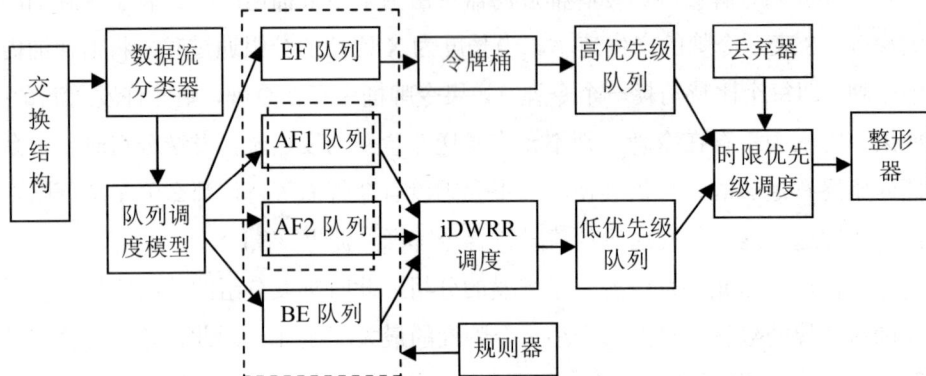

图 6-6　输出端口的设计

1. 整形器

当到达的类包含分组迸发时，交换机可以用多种方式处理。首先，如果分组迸发在预告协定的范围内，交换机可以对这些数据按正常处理；其次，交换机可以吸收这些数据，然后以一定的速率在较长的时间内处理，这就对数据做了平滑；最后，当迸发数据超过一定门限值时，交换机可以丢弃分组。吸收迸发数据，并对其进行平滑的过程就是整形。

2. 丢弃器

当某一服务类型的分组超过了其协定的速率，或其进发的数据超过一定的门限值时，交换机可以选择丢弃部分分组，这就是丢弃器要完成的任务。在实现 Diff-Serv 模型的结构中，交换机的实现至关重要。在目前的 Diff-Serv 模型的定义中，并没有强制主机实现 Diff-Serv 模型，Diff-Serv 模型的工作可以全部由交换机完成。

3. 输出调度器

输出调度器将搭配在输入接口中的区分服务（Diff-Serv）模型和 VOQ 策略来同时增进交换线路的效能和提供 QoS 的机制，这主要是通过调度器来完成的。调度器根据从输入端收集的控制信息，每个时间片执行一次调度算法，解决信元在输入端口和输出端口的竞争，避免信元的发送和接收冲突，建立输入端与输出端的连接。为了消除链头阻塞 HOL 问题，输出端调度器根据特定的交换线路调度算法选取目前在输入端口中最合适的信元，通过交换式线路传送至输出端口。

具体输出线路调度器的调度算法研究将在调度算法小节介绍。

6.3　交换结构的特性分析

本文设计的交换结构具有以下特征。

6.3.1　分布式队列调度

输出端的分布式调度器使得该结构易于扩展，当增加输入/输出端口数目或输入/输出级模块数目时，只需要增加相应的模块和改变调度器的参数即可。

不同于其他集中式调度算法，本算法采用了分布式的调度策略，这也是为了配合三级交换便于扩展这一特性而设计的。文献[7]指出，输入/输出排队交换机为保证业务流的 QoS，就必须采用分布式的调度方法。分布式队列（Distributed Queuing）调度机制是由 Washington 大学的 Pappu 等人，针对可扩展多级交换网络提出的。由于集中式调度算法的复杂度与端口数量有关，增加端口数量将进一步增大调度器的实现难度。位于输出端口的分布式调度器使得这种算法易于扩展，当增加输入/输出端口数目或输入/输出级模块数目时，只需要增加相应的模块和改变调度器的参数即可；而集中式的调度器在扩展的时候，其运算复杂度将比前者有更大幅度的增加，对于三级结构易于扩展这一特性是不利的。

当然，就算法的有效性来看，集中式调度能考虑全局因素进行调度，不失为一种有效的调度方式；而分布式的调度算法着眼于模块，对全局因素把握稍差，因此，这种调度方式虽然减轻了调度器的负担，但是却增加了独立的输入级发送分组产生碰撞的几率，需要对调度算法进行更复杂的设计来避免冲突。但是对于一个强调扩展的三级结构来说，以局部调度算法的复杂性增加来换取高扩展性，这样的代价是值得的。

6.3.2　一次调度

采用的是一次调度，将调度器直接安置在输出端口，由输出端口根据自己的带宽来进行调度，避免了两次匹配出现的调度不精确；虽然有可能在输出端口引起冲突，但可以通过在输出级加速得到解决，对比多次迭代的算法来说，减小了算法的复杂度。

传统的用于三级结构的调度算法都采用了两次匹配的调度方式，第一次匹配的是输入级的 VOQ 与输入级的出端，第二次是在中间级的入端和出端之间进行匹配。两次匹配的算法虽然经过多次迭代能达到输入输出之间的最大匹配，但如果采用一次迭代，那么在第一次匹配时，由于没有考虑到输出端口的状态，可能造成这样的情况：去往某空闲输出端口的 VOQ 由于在第一次匹配时竞争失败，而不能被及时交换到出端口。传统的两次匹配调度方式可能引起调度的不精确，如图 6-7 所示。

因此本文提出的支持 QoS 的三级 Clos 分布式交换结构采用的是一次调度，将调度器直接安置在输出端口，由输出端口根据自己的带宽来进行调度，避免了出现上述问题，使调度更加精确；虽然有可能在输出端口引起冲突，但可以通过在输出级加速得到解决，对比多次迭代的算法来说，减小了算法的复杂度。

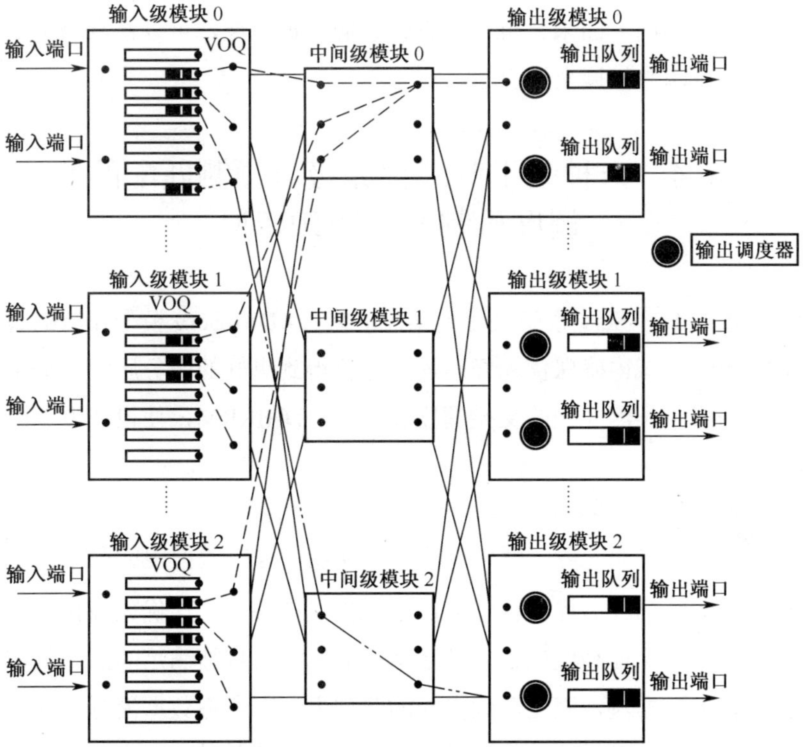

图 6-7　两次匹配引起调度的不精确

6.3.3　负载均衡

从第 2 节介绍的交换结构可以看出，一旦第一级链路确定，那么数据包经过的第二级链路也将确定下来。因此，第一级链路的负载均衡就意味着整个交换结构内部的负载均衡。同时，一次调度的算法虽然减少了调度的复杂度，但是却增加了获得令牌的 VOQ 选路的复杂性。为了使算法简单易实现，又能同时满足负载均衡的需要，提出了对数据包进行数据包均匀切割的办法。按照第一级链路数（即中间级模块的个数）来对变长分组进行切分，并把切割好的分段分别送往第一级链路。这样的方法能满足选路容易和负载均衡两方面的要求，任何一个输入级都可以方便地支持负载均衡，当交换机扩容时，无须考虑更新负载均衡算法。

综上所述，支持 QoS 的三级 Clos 分布式交换结构从算法的有效性、复杂度以及选路和负载均衡方面来分析，具有较强的可扩展性，可以任意增加交换单元的数目和端口速率来扩展交换容量。

6.4 一种基于时限优先级可预测匹配的调度机制——DHIRRM

利用改进的 Diff-Serv 模型进行数据流的区分，Diff-Serv 模型在域的边缘对输入流进行分类，在域内确保优先级高的业务流得到更好的服务质量，提出了一种基于时限优先级可预测匹配的交换调度算法——DHIRRM，使设计方案能提供优良的 QoS 策略。

DHIRRM 算法的基本思路是：把流量矩阵$(r_{i,j})N \times N$ 的每一个元素对应一个周期为 $r_{i,j-1}$ 的单位周期任务，就可以建立交换调度与时限门限的联系。将调度出的不同优先级的队列（高优先权任务，低优先权任务），让优先级权的队列享有高的服务质量。在保证高优先权任务数据流的服务质量被满足的前提下，也要转发低优先权任务数据流，避免高优先权的队列中还有任务数据流时，低优先权的任务数据流就不会被发送的缺陷。满足匹配约束的任务时限形成一个向量，可以按照最大元最小原则或者字典序原则来确定向量的优先级。

下面介绍一下算法描述和性能分析。

6.4.1 任务模型

一个周期任务S_i 可以用 4 个参数(K_i, T_i, D_i, P_i) 来刻画，即开始时间K_i，周期T_i，相对截止时限D_i，周期内任务量P_i。周期任务S_i 的第 j 个实例（作业）最早开始时间为$K_i + j \cdot P_i$，最晚完成时间为$K_i + j \cdot P_i + D_i$，其间必须完成的工作量为T_i，j = 0, 1, 2, ...，这就是可行性要求。对于一个周期任务集$\{S_i\}$，调度目标是使每一个任务的每一个实例都满足可行性要求，即生成一个可行的调度方案。在简化的任务模型下，$K_i = 0$（即所有任务同步开始于同一时刻），$D_i = P_i$（即时限等于周期）。

假设一任务集 $S = \{a_1, a_2, a_3, \cdots a_n\}$，周期分别是 $T_1, T_2, \cdots T_n$，执行时间为

$t_1, t_2, \cdots t_n$，时限为 $D_1, D_2, \cdots D_n$，$D_i = T_i$。任务 a_i 可以被抢占。任务 A_i (T_i, t_i, D_i) 模型：周期为 T_i，计算时间为 t_i，时限 D_i 为周期终点。任务在周期起点释放，高优先级任务可抢占低优先级任务的执行。

当每个任务队列发送一个数据流后，在这个时限内就会有这个任务的请求；当某个任务队列发送出去的数据流达到一定时限后，它的发送优先级就会降到足够低，其他队列所对应的发送优先级就会超过这个时限，那么其他队列的数据流就不必等到高优先级队列的数据为空后才能有机会得以发送。

为了确保对于紧急任务的及时响应，调度器通常是优先级驱动，任务的优先级可以是固定的，即高优先级任务的所有实例优先于所有低优先级任务的所有实例；也可以是动态地随当前活动实例的状态（时限远近）而定。

6.4.2 DHIRRM 算法描述

为了便于优先级调度算法思想的描述，首先进行一些参数的设定，设一个 $N \times N$ 交换结构，每个输入端口和输出端口都有一个调度器，设有 h 个指针，分别对应 h 个优先级，这 h 个优先级就是从 M/M/3 模型中发送数据报时所携带的发送优先级，当数据流到达输入端口的时候，首先把各自的发送优先级 h 送给 h 个指针，使得指针可以和数据流信息相联系，并可以动态地进行变化，输入端口 i 有 h 个请求指针 R_{ih}（$1 \leqslant h \leqslant H$, $1 \leqslant R_{ih} \leqslant H$），输出端 j 有 h 个许可指针 W_{jh}（$1 \leqslant h \leqslant H$, $1 \leqslant W_{jh} \leqslant H$）。IP (i)表示输入端口 i 选择给哪个输出端口发送请求信息；IP_next(i)表示输入端口 i 下一次选择给哪个输出端口发送请求信息；OP(j)表示输出端口 j 选择处理哪个输入端口的发送请求信息；OP_next(j)表示输出端口 j 下一次选择处理哪个输入端口的发送请求信息。具体进程如下。

（1）如果 OP_next (IP_next(i)) = i，则 Advance (i) = IP_next(i)。

（2）如果 Advance (i) = -1，则 R(j, i)=A(i, j)，IP (i) = IP_next(i)，OP(j) = OP_next (j)。

（3）如果 Advance (i) = j（j ≠ -1），则 IP(i)=(j+1) mod N，OP(j) = (i+1) mod N，则转到输入端口有发送请求到输出端口时，$H_i = MAX(H_i)$，m 表示输入端口 i 的调度器的指针 R_{ih} 所指向的输入端口 i 的 VOQ 的端口号，此时就发送输入端中优先权为 h 的 VOQ 的请求到输出端口。

（4）当输入端口 i 收到输出端口 j 的许可时，则表示输入端口 i 的调度器的指针 P_{ik} 所指向的输入端口 i 的 VOQ 的端口号就等于(m+1) mod N；否则就等于 m，则删除输入端口和输出端口的请求。

（5）当输出端口 j 收到输入端口 i 的请求时，这是输入和输出端口指针相同，输入端口数就等于输出端口 j 的调度器的指针 W_{jh} 所指向的发送请求信息的输入端口号；这时，输出端口将许可发送到输入端口，以及输入端口能够收到输出端口的许可；则在输入和输出端口中建立连接，在输入端口 i 和输出端口 j 之间发送信元。

（6）循环迭代上述过程。

6.4.3 预测匹配

在算法中设置参数 Advance ()，如果 Advance(i)=j，表示预测下一次调度中输入端口 i 和输出端口 j 相匹配；如果 Advance(i)=-1，则表示预测的结果是不匹配的。

预测匹配的每次迭代过程也包括三个步骤：

（1）预测匹配（Advance Matching）：利用前次匹配的结果，每一输入端口 i 都判断其下一个有效位置所在的输出端口 j 是否有 OP_next(j)= i，如果成立，则在本次调度中，预测输入端口 i 将匹配到输出端口 j；如果没有 OP_next(j)= i，则对此端口不做预测。

（2）请求（Request）：输入端口 i 的调度器有 h 个选择指针 R_{ih}（$1 \leqslant h \leqslant H$，$1 \leqslant R_{ih} \leqslant H$），指针最大的那个就是指向当前要优先选择的 VOQ 端口号，如果输入端 i 中有发送请求，首先找到具有最高优先级的请求，然后调度器使用指针，根据优先级调度规则选择一个 VOQ 并向相应的输出端发送请求，请求中带有发送优先级的信息。如果该请求在（3）中被接受，那么 R_{ih} 等于被选择的 VOQ 的端口号加 1(mod N)；否则 R_{ih} 等于被选择的 VOQ 端口号，同时将该请求清除。

（3）接受（Accept）：输出端 j 的调度器有 h 个许可指针 W_{jh}（$1 \leqslant h \leqslant H$，$1 \leqslant W_{jh} \leqslant H$），分别指向当前优先选择的输入端口。如果输出端 j 接收到请求，首先找出具有所有最高发送优先级的请求，然后调度器使用指针 W_{jh} 根据调度规则选择一个输入端口的请求，并发送许可信息，从而建立一个连接。 W_{jh} 等于被选择的输入端口号加 1(mod N)。

下面证明调度过程中输入端口 i 和输出端口 IP_next (i)是匹配的性能：

假设上次调度过程结束后，输入端口 i 和某个输出端口相匹配，且满足条件 OP_next (IP_next(i)) = i。假设输入端口 i 和某个输出端口 j 相匹配，IP_next (i) =j+1，OP_next (j) = i+1， 因为 OP_next (IP_next(i)) = i，则 OP_next (j+1) = i。由算法的描述可知,在本次调度中,输入端口 i 和输出端口 j+1 相匹配,因为 IP_next (i) = j+1，所以在本次调度过程中输入端口 IP_next (i) 是匹配的。证毕。

6.5 本章小结

本章在分析研究三级 Clos 网交换结构和调度算法的基础上，提出了一种支持 Qos 的三级 Clos 分布式交换结构。描述了改进的可扩展交换结构框图，分别对该交换结构各个部分的功能进行了介绍，利用改进的 Diff-Serv 模型进行数据流的区分和对区分服务队列进行了 M/M/3 排队，分别从输入端口和输出端口进行了设计；同时从算法的有效性和复杂度等方面，对提出的交换结构的可扩展性和提高交换结构的 QoS 策略作了分析。为了能较好地支持多优先级任务队列，避免拥塞和大量数据丢弃的现象，提出了一种基于时限优先级可预测匹配的调度算法——DHiRRM 算法，该算法使三级 Clos 网互连交换结构能够提供更好的 QoS 保证。

下一步工作：

（1）本章主要是基于服从泊松分布过程数据流的来进行排队调度，如果能从多种不同分布过程的混合数据流来进行排队调度，可以进一步完善排队模型。

（2）多级交换结构中的分布式调度算法对 QoS 的支持将成为研究的重心。由于本章研究只涉及了数据流具有不同优先级的情况，因此，下一步的研究将全面围绕算法对 QoS 的支持展开。

（3）本章提出的调度算法是在发送优先级调度的基础上进行预测匹配的，找到更合适的预测匹配的位置和时机,对进一步提高调度的准确性和性能尤为重要。

参考文献：

[1]   S. Cherry. The Battle for Broadband [Internet protocol television][J]. IEEE Spectrum, 2006, 42(1):24-29.

[2]   H. B. Newman, M. H. Ellisman, J. A. Orcutt. Data-intensive Escience Frontier Research[J]. Commun. of the ACM, 2005, 46(11):68-77.

[3]   C. Clos. A Study of Non-Blocking Switching Networks[J]. Bell Systems Technical Journal. 1953, 406-424.

[4]   L. R. Goke, G. J. Lipovski. Banyan networks for partitioning processor systems[C]. Proc. 1st Annual Symp Computer Architecture, USA, Dec. 2003, 21-28.

[5]   C.-L. Wu, T.-Y. Feng. On a class of multistage interconnection networks[J]. IEEE Transactions on Computers, Aug. 2000, 29(8):694-702.

[6]   M. C. Pease. The indirect binary n-Cube microprocessor array[J]. IEEE Transactions on Computers, May 2005, 26(5):458-473.

[7]   BHARADWAJ V, LI X, KO C C. Design and analysis of load distribution strategies with start-up costs in scheduling divisible loads on distributed networks[J]. Mathematical and Computer Modeling, Elsevier Science, 2000,32:901-932.

第七章　基于效用函数支持 QoS 的
交换结构性能评价模型

本章将微观经济学中效用函数的思想引入到交换结构性能评价中，提出了一种新型的性能评价模型——基于时延的效用函数评价模型，并借助"效用最大化"等理论，寻找出网络资源配置的较优方案。并且将该模型进行扩展，把时延、带宽这两个与业务流本身性质和用户直观感受最密切的指标科学地结合起来，提出了双指标的评价模型，使评价更具综合性、直观性和实用性。本方案能有效利用现有网络资源为各种业务流提供更好的服务质量。

7.1　引言

不同的业务流对服务质量的要求不尽相同。面对这种情况，如何在资源有限的情况下合理分配资源，以尽可能保证不同业务（视频、语音等）的服务质量，并使"效用"达到最大化，成为交换技术研究的重点和人们关注的热点。网络效用表示的是用户对一种应用的满意程度，效用是一些传统网络指标，如带宽、费用、延迟、延迟抖动、丢包率对应用层影响的综合考虑。这些因素对不同业务类型的影响不同。

效用可用基数度量。在一定时期内，消费者从不同商品（劳务）的消费中所获得的效用基数是各种商品（劳务）消费量的函数。显然，消费者从不同商品中的消费中所获得的效用是各种商品消费量的函数。如果以 U 表示消费者在一定时期内消费各种物品所获得的效用（基数）总量，以 $x_1, x_2, \cdots, x_n$ 分别表示 n 种消费物品的消费数量，则效用函数表示为：

$$U = f(x_1, x_2, \cdots, x_n) \qquad (1)$$

一般地，U 是消费量的增函数，即消费量越大，效用就越大。

目前国内外就效用函数评价法来反映网络 QoS 性能的研究还处于起步阶段，主要关注基于带宽的效用函数问题。例如，Shenke[1]在 IP 网中第一次用用户效用对数据流分类做了很多相关研究，但并没有明确地给出效用函数的表达式。之后，Kelly[2-3]等提出了一种新的观点，应用经济学中的效用函数解决带宽分配。在文献[4]中，Dharwadkar 等人在效用函数的图像上进行了研究分类。将效用函数分为三大类：分段函数、线性函数和凹函数。Harks[5]等人在效用公平的假设下提出了一种调度算法，在此假设下，用户所分带宽的效果是所有用户拥有相等的效用来实现公平性保证。文献[6]中，Massoulie 等人总结概括了带宽分配的三个目标：最大一最小公平性、最小潜在时延、比例公平性，并对其对应模型及算法进行了研究。所有这些工作对构建基于效用函数的调度和带宽分配模型作出了很大的贡献。

目前对业务流时延效用函数的研究很少。在实际应用中，业务流分配到的带宽的变化，反映在用户端最直接的就是业务传输的时延，带宽在本质上也是时延问题。对用户而言，时延感受较带宽更直接。对网络而言，可以通过对时延的研究把时延控制在一定的范围内。到现在为止，还没有一个有效的模型将多个业务流多个指标综合在一起来整体评价交换结构的性能。

本章通过对微观经济学中的效用函数、效用函数综合评价法和交换结构的性能指标的深入分析研究，构建出一种基于时延的效用函数评价模型，并且将该模型进行扩展，把时延、带宽这两个与业务流本身性质和用户直观感受最密切的指标科学地结合起来，提出了双指标的评价模型，形成一种通俗、直观的交换结构性能评价方法，有效利用现有网络资源为各种业务流尽可能提供更好的服务质量。

7.2   业务流的效用函数现状分析

文献[7-9] 对语音流、视频流和 TCP 流带宽的效用函数进行了研究。这里为了更准确地表达业务流的效用函数，我们假定：不同业务流的效用函数的最大值都为 1。三种业务流的带宽效用函数如图 7-1 所示，其对应的表达式为式（2）～式（4）。

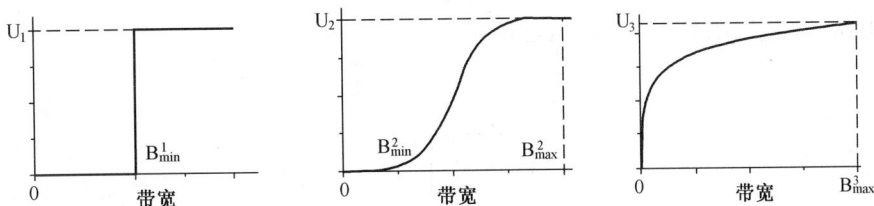

图 7-1　带宽效用函数

语音流的带宽效用函数表达式：

$$U_1 = sgn(b_1 - B_{min}^1)/2 + 1/2 \qquad (2)$$

其中 b_1 表示语音流分配的实际带宽。

视频流的带宽效用函数表达式：

$$U_2(b_2) = \frac{1}{1 + \left(\frac{1}{\varepsilon} - 1\right)e - r_2 b_2}, \quad 0 \leqslant b_2 \leqslant B_{max}^2 \qquad (3)$$

其中，$r_2 = \dfrac{2\ln(1/\varepsilon - 1)}{B_{max}^2}$，$\varepsilon$ 为当分配的带宽为 B_{max}^2 时，视频流效用函数对应的函数值。

一般 TCP 流的带宽效用函数表达式：

$$U_3 = \frac{\log(b_3 + 1)}{\log(B_{max}^3 + 1)}, \quad 0 \leqslant b_3 \leqslant B_{max}^3 \qquad (4)$$

7.3　业务流的时延效用函数

本文只对三种典型业务流的时延效用函数进行分析研究。

7.3.1　语音流的时延效用函数

语音流对时延都十分敏感，当时延超过某一值 T_{max1} 时，时延效用函数的值迅速降低至 0。其中 T_{max1} 为语音流能允许的最大时延。因此，它的时延效用函数图形同带宽的类似，也是一个严格的分段函数。而与带宽效用函数不同的是，当时延在 0 至 T_{max1} 范围内变动时，效用函数值为 1；时延大于 T_{max1} 时，效用函数的值为 0。其效用函数图像如图 7-2 所示。

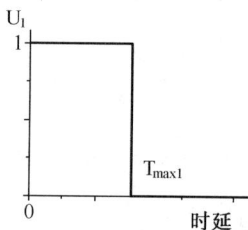

图 7-2　语音流时延效用函数

由效用函数的相关理论可知，其时延效用函数为：

$$U_1 = \begin{cases} 1, & 0 \leqslant t_1 \leqslant T_{max1} \\ 0, & t_1 > T_{max1} \end{cases} \tag{5}$$

其中，T_{max1} 表示语音流业务允许的最大时延，当时延超过此值时，语音流将无法工作。

7.3.2　视频流的时延效用函数

视频流对时延比较敏感，但由于在视频传输技术中加入了自适应编码技术和抖动控制技术，其效用函数图像不像语音流图像那样在某一点从最大值 1 迅速降低到最小值 0，而是在最小值和最大值之间有一个平缓的过渡。其效用函数图像近似为图 7-3。

当时延大于视频流最小时延 T_{min2} 时，视频流应用将改变它的传送速率或者编码技术，以便给用户提供更好的服务质量。在最小时延附近，随着时延的降低，效用函数值虽然在降低，但其降低的速度变慢，表现在图像上就是从 T_{min2} 开始，曲线上各点斜率逐渐增大。而在最大时延 T_{max2} 附近，视频流业务很难保证其质量，图像便平滑加速的趋向终止。

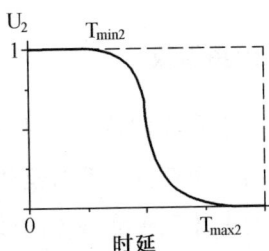

图 7-3 视频流时延效用函数

由效用函数的相关理论可知其时延效用函数为：

$$U_2 = \begin{cases} 1 & 0 \leqslant t_2 \leqslant T_{min\,2} \\ 1 - e^{(-K(t_2 - T_{max\,2})^2)} & T_{min\,2} < t_2 \leqslant T_{max\,2} \end{cases} \quad (6)$$

7.3.3 TCP 流的时延效用函数

一般 TCP 流对数据丢失敏感，但对时延没有很高的要求。当时延在 0 至最小时延 T_{min3} 内变化时，其效用函数值为 1；当时延超过它所允许的最小时延 T_{min3} 但却小于最大时延 T_{max3} 时，其效用函数值缓慢降低，直至为 0。因此其图像近似为上凸型，如图 7-4 所示。

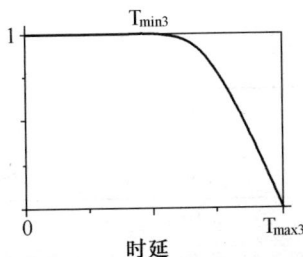

图 7-4 一般 TCP 流时延效用函数

由效用函数的相关理论可知，一般 TCP 流的时延效用函数为：

$$U_3 = \begin{cases} 1 & 0 \leqslant t_3 \leqslant T_{min3} \\ 1 - e^{-K(t_3 - T_{max3})} & T_{min3} < t_3 \leqslant T_{max3} \end{cases} \quad (7)$$

7.3.4　三种业务流的时延效用函数

为了使构建的模型具有统一性，我们希望可以寻找到一个较为统一的效用函数，使该效用函数既能够表达出三个业务流的时延效用函数，又能体现出不同业务流对时延的敏感程度。通过对上述三个业务流的效用函数图像仔细研究分析，我们发现它们有很多共同之处：

● 它们的函数图像都是一个分段函数。
● 它们都有一段特定区间 0 到 T_{mini}，在该区间内，其效用函数值恒为 1。
● 在另外的一个区间 T_{mini} 到 T_{maxi} 内，随着时延的增大，不管是语音流、视频流或者一般的 TCP 流，其时延效用函数值都是逐渐减小的。
● 它们的效用函数值都有上界 1 和下界 0。

同时，三个业务流亦有不同之处：随着时延的逐渐增大，在区间 T_{mini} 到 T_{maxi} 内，语音流的效用函数图像变化相当剧烈，视频流效用函数图像比语音流的稍缓慢些，而一般 TCP 流的效用函数图像变化相当缓慢。

由以上的研究分析，我们可以把三种业务流的时延效用函数图像统一起来，如图 7-5 所示。

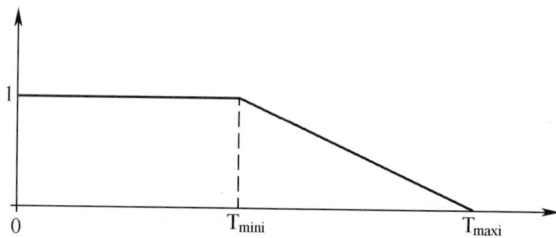

图 7-5　业务流 i 时延效用函数

T_{mini} 表示第 i 个业务流的最小时延，T_{maxi} 表示第 i 个业务流的最大时延，U_i 表示第 i 个业务流的时延效用函数，t_i 表示第 i 个业务流的实时时延。

不同业务流时延的敏感度不同，我们用图 7-5 中 T_{mini} 到 T_{maxi} 段直线的斜率及 T_{mini} 和 T_{maxi} 转折点的数值的大小来综合表示。即对于语音流的时延效用函数图像

$T_{min\,i}$ 到 $T_{max\,i}$ 之间的距离短，在这极其短的距离内，函数效用值从 1 减小到 0，且第一个转折点 $T_{min\,i}$ 距坐标原点的距离较小；而一般 TCP 流图像的 $T_{min\,i}$ 到 $T_{max\,i}$ 段的距离相对比较长，且转折点 $T_{min\,i}$ 距左边原点的距离较大；视频流的时延效用函数图像在 $T_{min\,i}$ 到 $T_{max\,i}$ 段的图形介于语音流和一般 TCP 流之间，第一个转折点 $T_{min\,i}$ 距坐标原点的距离也介于语音流和一般 TCP 流之间。

因此，第 i 个业务流的效用函数就可以表示为：

$$U_i = f_i(t_i) = \begin{cases} 1 & 0 \leqslant t_i \leqslant T_{min\,i} \\ \dfrac{-1}{T_{max\,i} - T_{min\,i}}(t_i - T_{max\,i}) & T_{min\,i} < t_i \leqslant T_{max\,i} \end{cases}$$

另外，我们用 p_i 表示 $T_{min\,i}$ 到 $T_{max\,i}$ 段直线的斜率，则上式可简写为：

$$U_i = f_i(t_i) = \begin{cases} 1 & 0 \leqslant t_i \leqslant T_{min\,i} \\ p_i(t_i - T_{max\,i}) & T_{min\,i} < t_i \leqslant T_{max\,i} \end{cases} \tag{8}$$

7.4　基于时延的效用函数评价模型

我们已经研究了业务流的时延效用函数，接下来将研究基于时延的效用函数评价模型的构建。

7.4.1　评价等级定义

本文将 1 作为最大效用值，此时的评价等级为优，把 0.6 以下的值作为不可用的效用值，此时的评价等级为差，中间又可分为良、好、中等多个等级。我们把时延、带宽的性能评价均分为四个等级，分别为优、良、中、差，如表 7-1 所示。

表 7-1　评价等级定义

评价等级	优	良	中	差
效用值	[0.8,1]	[0.7,0.8)	[0.6,0.7)	[0,0.6)

7.4.2　评价模型构建

首先，假设有 3 个业务流需要通过交换结构转发，业务流 1 代表语音流，业务流 2 代表视频流，业务流 3 代表一般 TCP 流。它们的最小时延分别为 T_{min1}、T_{min1} 和 T_{min1}，最大时延分别为 T_{max1}、T_{max2} 和 T_{max3}。其次，我们采用线性加权的方法对这三个业务流的效用函数进行合成，用 k_i 表示第 i 个业务流的效用值合成时在总效用中所占的权重。那么，这三个业务流的总效用函数可以写为：

$$U = k_1 p_1 (t_1 - T_{max1}) + k_2 p_2 (t_2 - T_{max2}) + k_3 p_3 (t_3 - T_{max3}) \qquad (9)$$

其中，$k_1 + k_2 + k_3 = 1$。

式（9）即为有三种业务流的评价模型。在实际应用中，网络资源往往是小于用户对资源的需求的，因此我们要在一定约束条件下，通过研究式（9）得出一个资源的分配方案。若按照该方案进行分配，网络资源得到了充分的利用，即式（9）的函数值达到最大，称这时的资源分配方案为最优方案。

7.4.3　评价模型分析

本小节对最优方案满足的条件进行探讨研究。

假如业务流 i 的时延为 t_i，链路中的总带宽为 B，在一定的调度算法下，t_i 定是一个关于带宽的函数，设 $t_i = \chi(b_i)$，则

$$b_i = \chi^{-1}(t_i)$$

式（9）的约束条件可以表示为：

$$B - (b_1 + b_2 + b_3) = 0 \qquad (10)$$

式（9）的极大值问题就转化为在约束条件式（10）下的最大值问题。通过拉格朗日乘数法对其进行求解。

为找到式（9）在约束条件（10）下的极值点，首先要构造辅助函数：

$$F(t_1, t_2, t_3) = \sum_{i=1}^{3} k_i p_i (t_i - T_{maxi}) + \lambda \left(B - \sum_{i=1}^{3} \chi^{-1}(t_i) \right)$$

其中 λ 为某一常数。

求 $F(t_1, t_2, t_3)$ 对 t_1，t_2 和 t_3 的一阶偏导数，并使之为零，与式（10）联立起来，然后将单个业务流的效用函数模型代入并化简得：

$$\begin{cases} \chi_{t_1}^{-1}(t_1) = \dfrac{k_1 p_1}{\lambda} \\[2mm] \chi_{t_2}^{-1}(t_2) = \dfrac{k_2 p_2}{\lambda} \\[2mm] \chi_{t_3}^{-1}(t_3) = \dfrac{k_3 p_3}{\lambda} \\[2mm] B - (b_1 + b_2 + b_3) = 0 \end{cases} \qquad (11)$$

为了更清楚地表达效用函数值最大时，业务流时延满足的条件，我们以 WF²Q 算法为例，结合该算法的时延性能，通过计算将方程组（11）进一步简化为：

$$\begin{cases} t_1 = \dfrac{1}{\sqrt{k_1|p_1|}}\sqrt{\lambda L_1} + \dfrac{L_{max}}{B} \\[3mm] t_2 = \dfrac{1}{\sqrt{k_2|p_2|}}\sqrt{\lambda L_2} + \dfrac{L_{max}}{B} \\[3mm] t_3 = \dfrac{1}{\sqrt{k_3|p_3|}}\sqrt{\lambda L_3} + \dfrac{L_{max}}{B} \end{cases} \qquad (12)$$

式中，L_i 为第 i 个队列的最大分组长度，L_{max} 为系统中最大分组长度，λ 为拉格朗日常数，$|p_i|$ 为业务流对时延的敏感程度。在特定的业务流和调度算法下，上述四个因素都为定值。因此，业务流的最优时延分配方案只与业务流的时延性能在总效用函数中占的权重 k_i 密切相关。且业务流 i 的时延与权重 k_i 的开方成近似的反比例关系。只有满足这样原则的时延方案才能实现资源的合理配置，使效用函数值达到最大，交换结构性能的评价等级最优。

7.4.4 评价模型的扩展

以上研究虽然仅限于三种业务流，但该方法可扩展到 n 个不同种类业务流的应用。假设有 n 个业务流需要通过交换结构转发，对于每一个业务流，它的最小时延 T_{mini} 和最大时延 T_{maxi} 都是一定的。首先，我们可根据式（8）得出各自的时延效用函数 U_i。

其次，我们采用线性加权的方法对这 n 个业务流的效用函数进行合成，用 k_i 表示第 i 个业务流的效用值合成时在总效用中所占的权重。那么，这 n 个业务流的总效用函数为：

$$U = \sum_{i=1}^{n} k_i f_i(t_i)$$

并且 $k_1 + k_2 + \cdots k_n = 1$。

交换结构时延评价的具体步骤归结如下：

求出第 i 个业务流的时延效用函数 $U_i = f_i(t_i)$：

（1）运用线性加权合成方法将 n 个业务流的效用函数关系式进行合成，得出总的效用函数 $U = \sum_{i=1}^{n} k_i f_i(t_i)$。

（2）运用数学工具得出效用最大化时对应的时延分配方案 $(T_1, T_2, \cdots, T_n)$。

（3）将每一个时延值都带入 $U = \sum_{i=1}^{n} k_i f_i(t_i)$，即可得出不同情况下的效用函数值。

（4）根据步骤（3）中得到的效用值，对照表 7-1，便可以得到在这种交换结构调度算法下的性能评价等级。

在网络中业务流是多样的，其效用函数也是千变万化的，因此在众多的分配方案中，人们更关心的是哪一种时延分配方案能使有限的网络资源得到合理配置，同时尽可能满足不同业务流的需求。网络协议也可以将此时延分配方案返回给反馈机制，进而可以一定程度地改善和避免网络拥塞，提高交换结构的性能。因此，接下来我们寻找这样一个方案，当时延按照此方案进行分配时，总效用函数 U 达到最大值 1，交换结构的性能达到最佳，即评价等级为优。这时，我们说各个业务流对时延的要求也都得到了满足，且时延分配方案为最佳分配方案。

为了得到这个最佳的方案，我们将问题转化为数学中的条件极值问题，即函数 $U = \sum_{i=1}^{n} k_i f_i(t_i)$ 在约束条件 $\sum_{i=1}^{n} b_i \leqslant B$ 下的极大值问题，用数学公式表述为：

$$\max U = \left\{ \max \sum_{i=1}^{n} k_i f_i(t_i), \left| \sum_{i=1}^{n} b_i \leqslant B \right. \right\}$$

$$b_i = \chi^{-1}(t_i)$$

$$t_i = \chi(b_i)$$

其中，B 为总链路带宽。

一般情况下，所有业务流对带宽的需求总是大于带宽的供应量，只有在取等号时，交换结构才有可能达到最优性能。因此在接下来的约束条件中，我们都取等号。在以下式子中，$t_i = \chi(b_i)$ 表示在一定的调度算法下，业务流 i 的时延表达式。不同的调度算法其时延表达式是不同的。

为了寻求函数

$$U = \sum_{i=1}^{n} k_i f_i(t_i)$$

在约束条件

$$\sum_{i=1}^{n} b_i \leqslant B \tag{13}$$

下的极值，即最优性能方案，我们首先要构造一个辅助函数：

$$F(t_1, t_2, \cdots, t_n) = \sum_{i=1}^{n} k_i f_i(t_i) + \lambda \left(B - \sum_{i=1}^{n} b_i \right) \tag{14}$$

其中，λ 为某一常数。式（14）中的函数有 n 个变量和一个未知常数。我们分别求其对 t_1、t_2 直至 t_n 的偏导数，并使之为零，然后与式（13）联立起来：

$$
\begin{cases}
\dfrac{\partial F(t_1, t_2, \cdots, t_n)}{\partial t_1} = \dfrac{\partial \sum\limits_{i=1}^{n} k_i f_i(t_i)}{\partial t_1} + \lambda \dfrac{\partial \left(B - \sum\limits_{i=1}^{n} b_i \right)}{\partial t_i} = 0 \\[3mm]
\dfrac{\partial F(t_1, t_2, \cdots, t_n)}{\partial t_2} = \dfrac{\partial \sum\limits_{i=1}^{n} k_i f_i(t_i)}{\partial t_2} + \lambda \dfrac{\partial \left(B - \sum\limits_{i=1}^{n} b_i \right)}{\partial t_2} = 0 \\[3mm]
\dfrac{\partial F(t_1, t_2, \cdots, t_n)}{\partial t_n} = \dfrac{\partial \sum\limits_{i=1}^{n} k_i f_i(t_i)}{\partial t_n} + \lambda \dfrac{\partial \left(B - \sum\limits_{i=1}^{n} b_i \right)}{\partial t_n} = 0 \\[3mm]
\sum\limits_{i=1}^{n} b_i = B
\end{cases}
\tag{15}
$$

有了这个方程组，我们便可以解出 $(T_1, T_2, \cdots, T_n)$ 及 λ。$(T_1, T_2, \cdots, T_n)$ 就是在约束条件 $\sum_{i=1}^{n} b_i = B$ 下的时延分配方案。

化简式（15）得：

$$
\begin{cases}
\dfrac{k_1 df_1(t_1)}{dt_1} - \lambda \dfrac{db_1}{dt_1} = 0 \\[2mm]
\dfrac{k_2 df_2(t_2)}{dt_2} - \lambda \dfrac{db_2}{dt_2} = 0 \\[2mm]
\vdots \\[2mm]
\dfrac{k_n df_n(t_n)}{dt_n} - \lambda \dfrac{db_n}{dt_n} = 0 \\[2mm]
\displaystyle\sum_{i=1}^{n} b_i = B
\end{cases}
$$

进一步化简得：

$$
\begin{cases}
\dfrac{f_1'}{b_1'} = \dfrac{\lambda}{k_1} \\[2mm]
\dfrac{f_2'}{b_2'} = \dfrac{\lambda}{k_2} \\[2mm]
\vdots \\[2mm]
\dfrac{f_n'}{b_n'} = \dfrac{\lambda}{k_n} \\[2mm]
\displaystyle\sum_{i=1}^{n} b_i = B
\end{cases}
\tag{16}
$$

同三个业务流模型的研究相同，我们以 WF^2Q 算法为例，结合该算法的时延性能，通过计算将方程组（16）进一步简化为：

$$\begin{cases} t_1 = \dfrac{1}{\sqrt{k_1 \mid f_1' \mid}} \sqrt{\lambda L_1} + \dfrac{L_{max}}{B} \\[3mm] t_2 = \dfrac{1}{\sqrt{k_2 \mid f_2' \mid}} \sqrt{\lambda L_2} + \dfrac{L_{max}}{B} \\[2mm] \vdots \\[2mm] t_n = \dfrac{1}{\sqrt{k_n \mid f_n' \mid}} \sqrt{\lambda L_n} + \dfrac{L_{max}}{B} \end{cases} \tag{17}$$

由式（17）知，当业务流 i 的时延与其在总效用函数中所占的权重 k_i 的开方成近似反比例。满足方程组（17）的时延方案$(T_1, T_2, \cdots, T_n)$，我们称为业务流的最优时延选择方案，即业务流的均衡点，也是效用函数的极值选择方案，此时 U 达到最大值 1，业务流的时延分配方案最佳，总效用函数值达到最大。对于除此以外的其他任何一个时延分配方案，其获得的总效用值都小于此方案的效用值。我们可以按照上述模型得出总效用函数值，并求出其评价等级。

7.4.5　仿真实验分析

本实验采用仿真软件 NS-2 来完成，仿真中使用的拓扑为哑铃形。调度算法使用的是 WF²Q。仿真中提到的性能主要指时延性能，实验中统计的时延参数不包括链路上的传输时延，而是指分组的排队时延。在实验中，设系统共有 3 个业务流，业务流 1 的速率为 0.2Mb/s，其权重均为 1/100。业务流 2 的速率为 9Mb/s，其权重为 9/20。业务流 3 的速率为 10.8Mb/s，其权重为 27/50，链路总带宽为 20Mb。其中，在观察时间为 6 秒时引入附加源 T 的 ON 周期。前 5 秒时附加源 T 处于 OFF 周期。图 7-6 表示实验中得出的三种权重业务流的时延图。

由图 7-6 中三个业务流的各个时延分配方案，结合时延效用函数评价模型，通过计算得出在这种情况下交换结构的性能等级图，如图 7-7 所示。

在 0 至 5 秒末，链路中的总带宽等于所有业务流的带宽，即网络中的资源等于用户的需求量。因此，各个业务流都按照其既定的指标获得服务，在这段时间内交换结构的性能最优，总效用值保持在 1（注：为了同引入附加源之后的交换结构性能最优值相区别，我们定义未引入附加源的最优值为"绝对最优值 1"，简称"绝对 1"）。

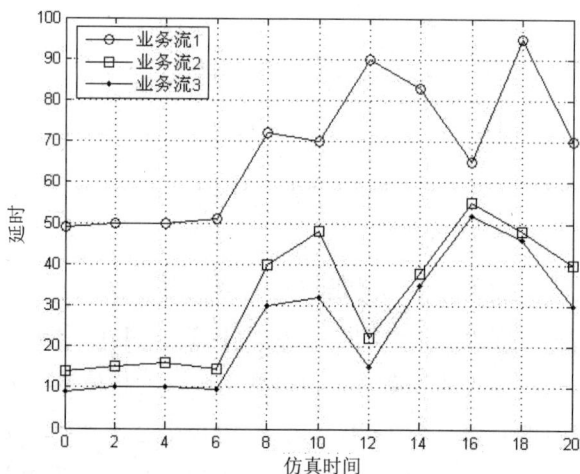

图 7-6　三个权重业务流的时延

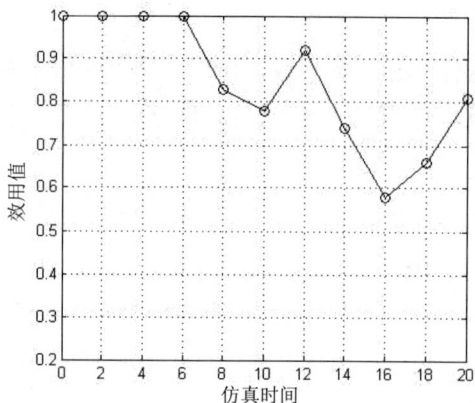

图 7-7　性能等级图

在 5 秒末引入了附加源 T，网络的状态发生了改变，对三个业务流来说，资源总量小于业务流的需求量。我们定义这种情况下交换结构性能的最优值为"相对最优值 1"，简称"相对 1"。虽然在理论上，相对最优值要小于绝对最优值 1，但相对最优值是在资源总量小于业务流的需求量的基础上的最优值，因此与"相对 1"对应的资源分配情况也是最优的资源分配方案。

对比实时时延结果图和实时的交换结构性能等级图，我们可以看到：当仿真时间在 12 秒时，交换结构的性能达到"相对 1"，说明此时资源得到了较为合理的配置。通过计算对照得出此时三个业务流的时延与其权重的开方成近似的反比例关系。同时，我们也发现，在仿真时间为 16 秒时，交换结构的性能最差，因为此时权重大的两个业务流 2 和 3 的时延与它们既定时延偏离度最大，时延和权重的开方之间不存在反比例关系。这与我们之前的分析是一致的。

纵观图 7-6 和图 7-7，我们还可以看到权重大的业务流 2 和 3 的时延越接近其既定时延，交换结构的性能越好，交换结构的性能基本上随业务流 2、3 的时延与既定时延偏离的大小而变化，偏离程度越小，交换结构的性能越好。这样才能使交换结构性能达到最优，使网络的资源得到最合理的利用。

7.5　双指标效用函数评价模型

时延和带宽指标与业务流本身的性质关系最为紧密，它们反映的都是业务流本身对交换结构的要求。我们接下来对时延、带宽这两个指标进行综合研究。

7.5.1　双指标模型的构建

基于前述对带宽和时延效用函数的研究，带宽、时延双指标评价模型的构建如下：

假设有 n 个业务流要通过交换结构排队输出，第 i 个业务流当前所分得的带宽为 b_i，则第 i 个流的带宽效用函数可以写为：

$$U_{ib} = g_i(b_i) \tag{18}$$

交换结构当前提供的时延为 t_i，则第 i 个业务流的时延效用函数表示为：

$$U_{it} = f_i(t_i) \tag{19}$$

我们采用线性加权的方法将时延、带宽双指标效用函数进行合成，则第 i 个业务流的带宽、时延综合效用函数 U_i 的关系式为：

$$U_i = \alpha_i f_i(t_i) + \beta_i g_i(b_i) \tag{20}$$

其中，α_i 和 β_i 分别表示时延和带宽效用函数值在业务流 i 的总效用函数中所占的权重，且 $\alpha_i + \beta_i = 1$。

那么，n 个业务流的总效用函数：

$$U = \sum_{i=1}^{n} k_i u_i = k_1 U_1 + k_2 U_2 + \cdots + k_n U_n = (k_1, k_2, \cdots k_n) \begin{pmatrix} U_1 \\ U_2 \\ \vdots \\ U_n \end{pmatrix} \qquad (21)$$

其中，k_i 为业务流 i 的效用函数值 U_i 在总效用值中所占的权重，且 $k_1 + k_2 + \cdots + k_n = 1$。则式（21）即为双指标效用函数的评价模型。

7.5.2 双指标评价模型分析

1. 双指标模型的评价步骤

时延、带宽双指标模型的评价步骤如下：

（1）根据式 $U_{it} = f_i(t_i)$ 和 $U_{ib} = g_i(b_i)$，得出业务流的时延和带宽的效用函数表达式。

（2）由 $U_i = \alpha_i f_i(t_i) + \beta_i g_i(b_i)$ 得出第 i 个业务流的总效用函数关系式。

（3）运用加权合成的方法进行合成，得出 n 个业务流总效用函数表达式 $U = \sum_{i=1}^{n} U_i$。

（4）根据 n 个业务流的时延及带宽分配情况，分别为 $(t_1, t_2, \cdots, t_n)$ 和 $(b_1, b_2, \cdots, b_n)$ 运用上述评价模型，得到不同的效用值，将其与表 7-1 进行对照，即可得出交换结构相应的评价等级。

2. 最优方案分析

同单指标最优方案的研究相似，双指标的总效用函数 U 最大值问题也是一个条件极值问题，即式（21）在约束条件 $\sum_{i=1}^{n} b_i = B$ 下的条件极值求解问题。

其辅助函数为：

$$F(b,t) = U(b,t) + \lambda_1 \left(B - \sum_{i=1}^{n} b_i \right) + \lambda_2 (t_i - \chi_i(t_i)) \qquad (22)$$

其中 $t_i - \chi_i(b_i)$，λ_1、λ_2 为拉格朗日常数。

一阶条件确定：

$$\begin{cases} \dfrac{\partial F(b,t)}{\partial b} = 0 \\[2mm] \dfrac{\partial F(b,t)}{\partial b} = 0 \\[2mm] t_i - \chi_i(b_i) \\[2mm] \displaystyle\sum_{i=1}^{n} b_i = B \end{cases} \tag{23}$$

化简可得一阶条件如下：

$$\begin{cases} k_1\alpha_1 \dfrac{df_1}{dt_1} - \lambda_1 t_1 = 0 \\[2mm] k_2\alpha_2 \dfrac{df_2}{dt_2} - \lambda_2 t_2 = 0 \\[2mm] \vdots \\[2mm] k_n\alpha_n \dfrac{df_n}{dt_n} - \lambda_1 t_n = 0 \\[2mm] k_1\beta_1 \dfrac{dg_1}{db_1} - \lambda_2 b_1 = 0 \\[2mm] k_2\beta_2 \dfrac{dg_2}{db_2} - \lambda_2 b_2 = 0 \\[2mm] \vdots \\[2mm] k_n\beta_n \dfrac{dg_n}{db_n} - \lambda_2 b_n = 0 \\[2mm] \displaystyle\sum_{i=1}^{n} b_i = B \end{cases}$$

由上式可得出：

$$\begin{cases} k_1\alpha_1 \dfrac{f_1'}{t_1} = k_2\alpha_2 \dfrac{f_2'}{t_2} = \cdots = k_n\alpha_n \dfrac{f_n'}{t_n} = \lambda_1 \\[2mm] k_1\beta_1 \dfrac{g_1'}{b_1} = k_2\beta_2 \dfrac{g_2'}{b_2} = \cdots = k_n\beta_n \dfrac{g_n'}{b_n} = \lambda_2 \\[2mm] \displaystyle\sum_{i=1}^{n} b_i = B \end{cases} \tag{24}$$

即式（24）为业务流的带宽、时延均衡点满足的条件。

双指标评价模型的均衡点（业务流的带宽、时延均衡点）为其最优方案。该最优分配方案（即效用函数的极值点）必须满足以下几点：

（1）在该点处，业务流的时延效用函数的导数乘以两次合成时的权重 k_i 和 α_i 的乘积与其分配的时延成比例，且比值为拉格朗日乘数 λ_1。

（2）在该点处，业务流的带宽效用函数的导数乘以两次合成时的权重 k_i 和 β_i 的乘积与其分配的带宽成比例，且比值为拉格朗日乘数 λ_2。

（3）在该点处，总的效用函数达到最大值 1。

在业务流的所有分配方案中，只有当其分配方案满足上述条件时，总的效用函数达到最大值 1。此时评价等级最优，资源得到合理配置。

7.6   本章小结

本章通过对交换技术及效用函数相关理论进行深入的分析、研究，提出了一种新型的性能评价模型——基于时延的效用函数评价模型，并借助"效用最大化"等理论，寻找出网络资源配置的最合理方案。此方案能使网络资源得到最充分、合理的利用，并尽可能地保证不同业务流的 QoS。最后，针对单指标评价模型的局限性，提出了双指标的评价模型，并对该模型进行了理论的分析和研究。但一些问题的研究仍不够完善，下一步准备在如下方面做进一步研究：

- 对三种比较有代表性的业务流进行了研究。但由于网络的飞速发展，在网络上传播的业务流的种类越来越多，因此需要对现有的大量的业务流及以后可能出现的业务流的效用函数进行研究。

- 对多指标效用函数评价方法的研究（带宽、时延……）。评价交换结构性能指标有多个，如果能将多个指标综合在一起，更全面地评价交换结构的性能，同时根据效用最大化，得出的分配方案既考虑到了多个业务流，又综合考虑到业务流的多个指标，必然使有限的网络资源得到最充分的发挥。

参考文献：

[1]　S. Shenker. Fundamental Design Issues for the Future Internet[J]. IEEE Journal on Selected Areas in Communications, 1995.9:1176-1188.

[2]　F.P.Kelly. Charging and rate control for elastic traffic[J]. Eur. Trans. Telecommun, 1997.1: 33-37.

[3]　F. P. Kelly,A. Maullo,D. Tan. Rate Conrtrol in Communication Networks: Shadow Prices, Proportional Fairness and Stability[J]. Journal of the Operational Research Society, 1998.1:237-253.

[4]　P. Dharwadkar, H. J. Siegel,E. K. P. Chong. A Heuristic for Dynamic Bandwidth Allocation with Preemption and Degradation for Prioritized Requests[J]. Distrubuted Computing Systems, 2001.4.

[5]　T. Harks,T. Poschwatta. Priority Pricing in Utility Fair Networks[C]. Proc. of the 13th IEEE International Conference on Network Protocols (ICNP'05), 2005:311-320.

[6]　L.Massoulie,J.Roberts. Bandwidth Sharing:Objectives and Algorithms[J]. IEEE/ACM Transactions on Networking,2002.6.

[7]　Changbin Liu, Lei Shi, Bin Liu. Universal Multiservice Networks[]. 2007 ECUMN, 2007: 327-336.

[8]　R. Nunez-Queija, J.L Berg, M. Mandjes. Performance Evaluation of Strategies for Integration of Elastic and Stream Traffic[R]. ITC16, Edinburgh, UK, June 1999:

[9]　Z. Cao,E. Zegura. Utility Max-Min: An Application-Oriented Bandwidth Allocation Scheme [C]. Proc. IEEE INFOCOM'99, Vol.2, 1999:793-801.

第八章　MPLS 协议在新一代网络

交换路由应用中的研究

在本章的设计中，我们希望将一体化网络这一思想运用到多协议标签交换（Multi-Protocol Label Switching，MPLS）网络中，让 MPLS 网络作为一体化网络的核心层，并实现数据的快速转发。

在对当今互联网络的研究中发现，由于使用量的激增，网络中传输的数据量逐年递增，而对于一些有服务质量 QoS 要求的数据流进入主干网络传输时，得不到应有的质量保障，并且对于大量数据流的公平分配策略一直是网络研究的重点和难点。

而服务质量的要求同样是一体化网络设计的核心思想之一。因此我们将一体化网络的核心思想引入 MPLS 网络后，将研究重点放在如何保证数据流的服务质量上。而目前对于如何保证数据流服务质量方面的研究主要是根据 LSP（Label Switch Path，标签交换路径）进行带宽预留或抢占。我们在一体化的思想下，不希望引入过多其他复杂算法思想，我们希望能够以数据流作为服务质量保证的依据，并根据优先级进行带宽抢占工作。这一研究对 MPLS 一体化网络有着非常重要的意义。

8.1　引言

多协议标签交换（MPLS）[1-2]作为新一代骨干网络架构技术，其最大优点是利用标签快速交换的方式，让数据包快速地传输到目的地。作为一种网络关键技术，MPLS 在流量工程、数据快速转发、虚拟专用网络（VPN）等方面有着显著的成就。当标签交换路径（LSP）中数据流总容量超出该路径的网络容量时，将不可避免地出现网络拥塞。而通过流量工程解决此类问题，提高数据流服务质量一直是研究的重点。

当 LSP 路径陷入拥塞状态时，将引起该路径上数据流服务质量降低的问题，使得吞吐量（Throughput）下降、丢包率上升。在这种情况下，通常采用对该路径中某些数据流重新建立传输路径的方法来解决，在使用抢占机制解决网络拥塞问题时，其核心思想是让高优先权的 LSP 能够抢占低优先权的 LSP，以获取足够的带宽资源保证服务质量。实现的过程都是对路由器进行功能扩充，完成资源抢占、重建传输路径的工作，可是这样将浪费大量路由器内存资源，并且需要多次查询的路由表，同时抢占算法的复杂度等都将引起路由转发速率下降、路由拥塞等问题。

针对这一问题已经展开了一系列的研究。Sarmad Abbasi 等提出了严格的最小化连接（exact Minn_Conn）[3-5]算法，实现了在多类型网络中使抢占连接次数和抢占带宽均达到最小化，从而使网络传输趋于稳定，但该算法复杂度较高，同时运算时间过长。R.T.Abler 等提出了集中连接优先权（Centralized Connection Preemption）[6]机制，优先考虑 Connection 的优先权，使得在不同的序列中优先权达到最优化标准，从而避免了优先权序列问题，但是该机制算法复杂度较高。J.C.de Oliveira 等提出了自适应速率（ARS）[7]的抢占机制，让预留带宽资源的 LSP 主动释放部分带宽，只有当释放带宽不足以满足需求时才进行抢占，从而减少了抢占的次数，但该机制是建立在牺牲部分数据流传输速度基础之上的，并且在选择和释放部分带宽过程中需要进行大量运算。

从上述讨论中可知，目前对于抢占机制的研究或是对带宽进行预留并设计算法进行抢占，或是对优先权进行最优化设计减少抢占次数，均需要复杂的算法及大量运算时间，因此很难在实际网络环境中进行实现。基于这一问题，本文提出了协调数据流抢占（Traffic flow Preemption with Negotiation，TPN）的机制，该机制不从预留带宽方面着手，而是以数据流（Traffic Flow）作为抢占的依据；对数据流优先权进一步分类，保证高优先权数据流服务质量；在抢占带宽时对多个数据流进行协调选择，使得对网络影响降到最低。

8.2　基于协调数据流抢占机制总体架构

当数据封包进入 MPLS 网络时，经过的边缘路由器称为入口路由器，主要完成转发等价类及优先级的确认工作，之后加上 MPLS 填充头部（Shim Header）[8-9]。在经过 MPLS 核心区域时，核心路由器根据填充头部信息负责转发数据包。当封包离开 MPLS 网络时，经过的边缘路由器称为出口路由器，主要完成去除填充头部，还原为原始封包的工作。

本章设计的基于协调数据流抢占机制（TPN）沿袭了 MPLS 这一工作特点，其核心设计思想是：强调在入口路由器（Ingress LSR）和出口路由器（Egress LSR）两点进行设计，核心路由器（Core LSR）只负责数据包的转发。在数据传输的过程中，入口和出口路由器将对数据流进行监测，当高优先权数据流的传输率出现大幅下降或网络不稳定时，BPN 机制将启动，从而保证高优先权数据流的服务质量。

8.2.1　工作流程

图 8-1 举例说明了基于协调数据流抢占机制的工作流程。由发送端（节点 0、1）到接收端（10、11）的多条数据流在通过 MPLS 域时，均建立 3-4-5-6 的路径连线，在经过入口路由器（Ingress LSR，节点 3）时，需要监测的数据流都被打上 TPN 标志，并保存在入、出口路由器数据表中，其他不具备 TPN 标志的为 Background Traffic，出口路由器（Egress LSR，节点 6）对具有 TPN 标志数据流的吞吐率进行观察。

核心路由器在接收到 MPLS 数据封包时，根据数据封包的标签进行数据转发，按照 FEC 设定的 LSP 进行传送数据，不执行其他工作。

经过一段时间的数据传输后，发送端（节点 2）到接收端（节点 10）之间建立了 5-6 的路径连线，则连线 5-6 将成为瓶颈（bottleneck），进一步引起网络拥塞。当 Egress LSR（节点 6）观察到数据流连线的吞吐率持续下降到一定程度时，将发送 ACK 封包给 Ingress LSR（节点 3），并将此时需要监测的数据流吞吐率以特定数据报文形式发送给节点 3。在传输过程中，核心路由器不对 ACK 及通知报文做任何改变，按原始路径返回。

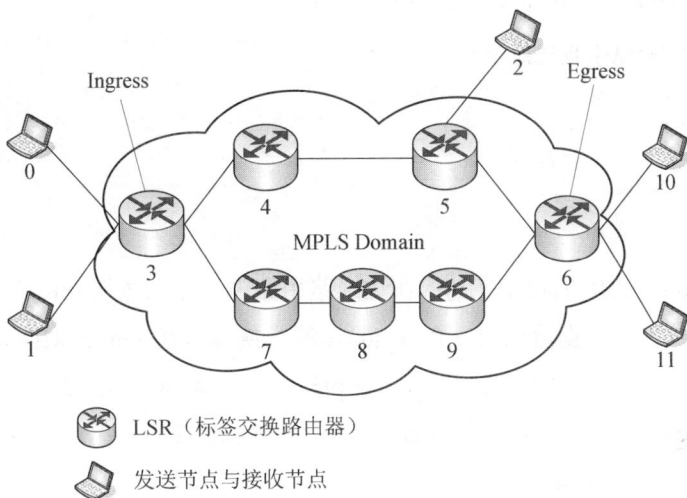

图 8-1　MPLS 网络拓扑图

Egress LSR 接收到通知报文及 ACK 封包后，根据目标速率与传送速率的比较确定是否启用抢占机制，并发送抢占通知给 Ingress LSR，以保证高优先权数据流的服务质量。

抢占机制启动后，入、出口路由器将从数据表中读取监测数据流信的优先级、占用带宽等信息，经过计算，从监测数据流中选择出最合理的若干条数据连线，释放其所占用带宽资源，重新建立其他路径（3-7-8-9-6）进行数据传输。这样将使得高优先权数据流服务质量达到要求，整个网络再次恢复稳定传输。

8.2.2　添加边缘路由表

对于要求建立 LSP 进行数据传输的数据流来说，根据其服务质量的要求会设定其优先级信息，当发出请求信息时，边缘路由器为保证整个网络稳定传输及服务质量要求，需要监测这些流量信息，同时统计数据流的吞吐量信息。因此需要在边缘路由器中加入两张数据表来记录这些信息。

（1）MPLS Monitor Table（MMT）：主要用来保存需要监测的流量主干信息。包括所建立的路径信息（lsp_id）、数据流信息（flow_id）、入口路由器（egress_id）、出口路由器（ingress_id）。其数据结构如下：

表 8-1　MMT 表数据结构

```
struct MMT {
    int lsp_id;
    int flow_id;
    int egress_id;
    int ingress_id;
}
```

（2）Edge LSR Table(ELT)：在边缘路由器中添加的数据表，主要用来记录数据流信息。包括数据流信息（flow_id）、源交换标识（source_RID）、目的交换标识（target_RID）、TCP 端口号（tcp_ptr）、优先级（class_id）、当前吞吐率（throughput_rate）及目标速率（rate）。其数据结构如下：

表 8-2　ELT 表数据结构

```
struct ELT {
    int flow_id;
    int source_RID;
    int target_RID;
    int tcp_ptr;
    int class_id;
    double throughput_rate;
    double rate;
}
```

（3）Sequence Link Queue Table（SLQT）：在入口路由器中添加的数据表，其主要功能是以排序的方式记录需要监测的流量主干带宽等信息，以便在进行抢占时能够快速地选择合适的数据流。包括路径信息（lsp_id）、数据流信息（flow_id）、占用带宽信息（Resv_BW）。其数据结构如下：

表 8-3　SLQT 表数据结构

```
struct SLQT {
    int lsp_id;
    int flow_id;
    double Resv_BW;
}
```

在 MMT 表中保存的数据流信息,我们称之为被监测数据流,当需要启动抢占机制时受到影响的也正是这些数据流,而其他通过当前网络但不在 MMT 表中注册信息的数据流,我们称之为 Background Traffic。入、出口路由表 ELT 则只记录需要保证服务质量的数据流信息,并每隔一段时间更新实时吞吐率信息,根据实时吞吐率与该表中目标速率对比结果,通知入、出口路由器是否启动抢占机制。

我们在入口路由器中设计 SLQT 表,用于保存当前路径中被监测的数据流带宽信息,并且按照从小到大的顺序存放。如果不创建该表,虽然会较少存放信息的资源时间,但是在进行抢占时,每次都只能将所有可被抢占的资源重新排序,这样将浪费更多的系统资源,并且在系统运行期间排序,会让高优先权数据流处于等待状态。基于上述原因,我们选择创建 SLQT 表时,在发送通知报文时即对带宽大小进行排序并保存,而在系统运行时只须查找即可。

8.2.3　MPLS 通知报文格式

在 MPLS 网络中实现 TPN 机制,则必须将数据流信息记录到 MMT 数据表中,并实时记录有服务质量要求的数据流吞吐量信息,因此对于到达 MPLS 网络的数据流来说,必须在建立 LSP 之前发送通知信息给入口路由器。入口路由器在获取通知后,会将该数据流信息记录到 MMT 数据表中,根据其服务质量的要求有选择地将其记录到 ELT 数据表中。之后在出、入口路由器协同工作下完成 TPN 流程。

图 8-2 所示为新设计的通知报文格式,如果到达的某一数据流需要被监测,则会发出该报文,并记录在 ELT 表中;如果不需要被监测,则不会发送通知报文,而 TPN 机制则会把其当作 Background Traffic。

通知报文长度是固定的,总长度为 20 字节。下面对各个字段进行描述:

- 优先级(Priority):长度为 3bits。该字段记录了数据流的服务等级,用于作为抢占的依据。
- 目标传输速率(Target Rate):长度为 16bits。该字段记录了当前数据流所要求的目标传输速率,与计算出的实时速率相比较以确定是否启动抢占机制。

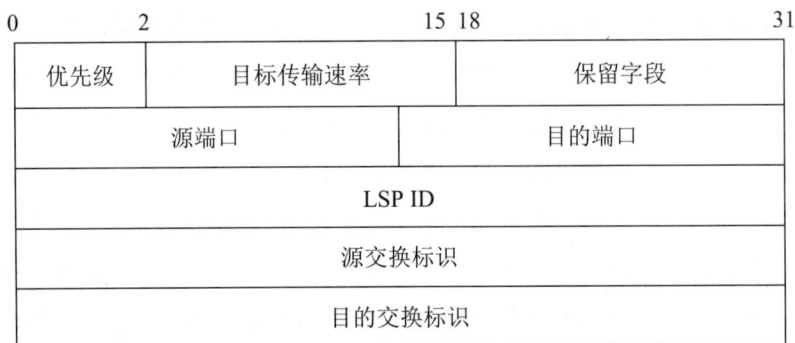

0	2	15	18	31
优先级	目标传输速率		保留字段	
源端口		目的端口		
LSP ID				
源交换标识				
目的交换标识				

图 8-2　数据流通知报文格式

- 保留字段：长度为 15bits。该字段主要用于对协议的扩展，目前该字段的使用是实验性的。
- 源端口（Source Port）：长度为 16bits。主要记录源端口号信息。
- 目的端口（Destination Port）：长度为 16bits。主要记录目的端口号信息。
- LSP ID：长度为 32bits。主要用于记录由 FEC 确定的该数据流所要使用的 LSP 信息。
- 源交换标识（Source RID）：长度为 32bits。当进行数据传送时，由映射服务器分配并记录于该字段，该字段标识了该数据包发送节点（源节点）所使用的交换路由标识（用于选路、转发）。
- 目的交换标识（Destination RID）：长度为 32bits。当进行数据传送时，由映射服务器分配并记录于该字段，该字段标识了该数据包接收节点（目的节点）所使用的交换路由标识（用于选路、转发）。

注意：在一体化项目中，源交换标识与目的交换标识均用 128bits 来表示，而在本文中我们用 32bits 来表示，主要是出于简化实验设计方面的考虑，我们设计的 TPN 机制对于这些字段的长度没有影响。

8.3　发送吞吐量信息封包的设计

数据流发送通知报文，在出、入口路由器的数据表中记录信息后，即可发送数据封包进行传输数据。而对于数据封包来说，其本身并不具备必要的信息使得

TPN 机制能够对它进行处理，因此需要在添加一定的信息使得其支持 TPN 机制。

为了减轻系统负担，在进行封包设计时，能够使用原始扩展字段的尽量不添加新字段，而对于一些比较重要的信息（如计算后的吞吐量信息等），则重新设计回传封包以增加其准确性。

8.3.1 标志变量

对于需要监测的数据流来说，其信息已添加到 MMT 及 ELT 数据表中，但对于单个封包来说，LSR 并不能够识别是否是需要监测的封包。因此这里我们需要在原有的基础上设定标志字段，这样当 LSR 监测到该字段时，即可对其进行统计工作。

一体化标识封包中有 20bits 的预留字段，因此可以使用其中 1bit 长度作为标志字段。当该字段为 0 时，则认为是 Background Traffic 封包，不进行处理；当该字段为 1 时，即是需要监测的数据封包，出口路由器会对其进行统计，并计算实时吞吐量。其格式如图 8-3 所示。

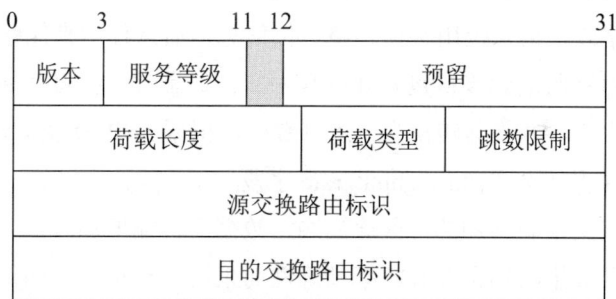

图 8-3 标志字段设置

图 8-3 阴影部分即为标志字段，其值为 1 或 0。这样利用预留字段来设置标志字段而不是重新设计数据封包，在数据流增多的网络中效率将更加明显。

8.3.2 回传吞吐量信息封包

对于被监测的数据封包，当设定的间隔时间结束时，则会根据统计的到达封包量计算吞吐量，最终计算出吞吐率，并将该信息通过报文返回给入口路由器。为了保证吞吐率的精确性，在这里我们重新设计了回传报文格式，如图 8-4 所示。

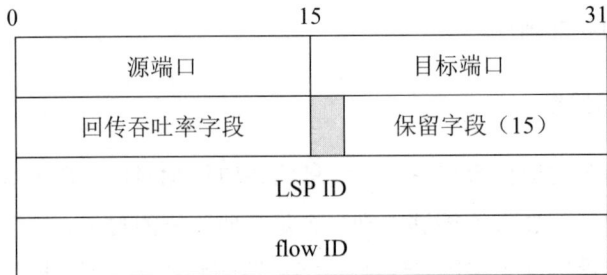

0	15	31
源端口	目标端口	
回传吞吐率字段	保留字段（15）	
LSP ID		
flow ID		

图 8-4   回传吞吐率报文格式

我们仍然使用了 1bit（图中阴影部分）作为标志字段，当回传封包到达入口路由器时，只有监测到标志位为 1 时才读取信息并记录到 ELT 数据表中，其他情况不做处理。

当出口路由器计算完吞吐率时，会将其转换为二进制数字，并填充到回传吞吐率字段中。为了保证吞吐率的精确性，这里使用了 16bits 来保存该信息，其中保留两位小数字段，前八位用来保存整数位信息，后八位用来保存小数位信息。

当入口路由器监测到该封包并确认其为回传信息时，会将其回传吞吐率字段中的数据读取出来，并将其转换为十进制数字，根据 LSP ID 及 flow ID 信息将该数字保存到 ELT 数据表的 throughput_rate 字段。

由于回传报文是新增加的，因此当网络数据流传输增加时，会给系统带来一定的额外负担。如果我们舍弃吞吐率精确性而采用原有报文中的保留字段，虽然会减轻这一方面的开销，但是由于其可用字段只有 6bits，有可能会因误差而启动抢占机制，给系统带来不稳定现象。综合考虑之后，我们采用新增加报文的方案。

8.3.3   抢占通知封包

当入口路由器节点确定需要为数据流抢占带宽时，就会发送抢占通知封包，该封包通过 LSP 时，核心路由器节点会从中读取信息，按照其要求进行带宽抢占保留工作。我们重新设计了通知报文格式，如图 8-5 所示。

0	15	31
源端口	目标端口	
优先级（3）	保留字段（28）	
LSP ID		
flow ID		

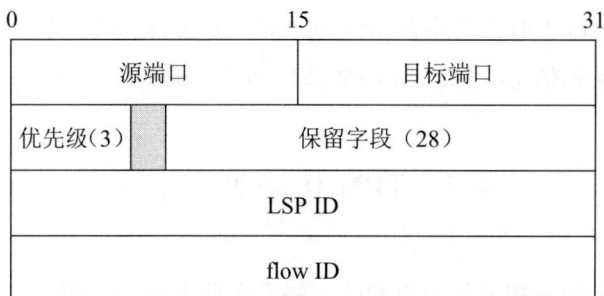

图 8-5　抢占通知报文格式

我们仍然使用了 1bit（图中阴影部分）作为标志字段，只有检测到其为 1 时才进行带宽抢占工作，对于其他情况不做处理，减少系统运行时间。

使用 3bits 作为保存优先级字段，当其到达核心路由器时，会根据此信息进行抢占并预留带宽工作。32bits 作为保存已抢占带宽资源的信息，核心路由器可以根据该字段信息，决定是否继续为它做带宽抢占工作，最终将抢占到的带宽信息保存到该字段。

8.3.4　启动抢占机制条件

当网络陷入拥塞，将引起数据流连线传输性能的降低，为了保障高优先权数据连线的服务质量，需要启动抢占机制进行带宽资源抢占，此时最重要的问题是确定启动抢占条件。合理的条件选择将会进一步增强网络传输的稳定性，保证数据连线传输的效率。在经过对当前各种研究方法对比之后，我们以吞吐率变化作为启动抢占的条件：

$$吞吐率 = \frac{吞吐量}{相应传输带宽中所传输的原始数据速率}$$

由于网络本身不稳定因素造成传输延迟（TD）及 IP 时延变化（IPDV）等，从而引起吞吐率上下浮动，这种情况不能够被认为是网络拥塞的特征，将不启动抢占机制。在实际的选取过程中，以网络服务运行商和客户之间的服务等级协议（SLA）为基准，本研究中认为当吞吐率下降到目标速率（Target Rate）的 15%

时，丢包率将大幅上升，网络拥塞较为严重，无法保证高优先权数据连线的服务质量，将发送通知信息给 Ingress LSR 并启动抢占机制。

8.4　TPN 传输等级定义

为了解决原始 MPLS 抢占机制的一些不合理现象，我们提出了 TPN 机制。该机制的主要目的是保证高优先权数据流的服务质量，当网络陷入拥塞，监测到有服务质量要求的数据流吞吐率下降到无法接受的阶段时，该机制会自动去询问低优先权的数据连线是否可以释放自己的带宽资源，以便使高优先权数据连线吞吐率达到要求。

为了尽量减轻因抢占行为对系统的影响，我们需要减少抢占的次数，同时为了保证低优先权数据连线的服务质量，不能够单纯地让高优先权的 LSP 随意地抢占低优先权的带宽资源，这样势必造成多个数据流的服务质量降低。

虽然目前的研究中，有一些机制可以有效地保证低优先权数据流的服务质量，如自适应速率及 BPN 机制，但这样的机制有可能造成低优先权数据流因无法重新建立传输路径而一直占用带宽资源，从而使得高优先权数据流必须等待的不合理现象。因此在 TPN 机制的传输等级定义中，我们采用了将优先权等级按照所要求服务质量的不同分为三类的方案，这样既可以保证部分较低优先权数据流的服务质量，同时又不会造成低优先权一直占用带宽的问题。

在 MPLS 网络中，LSP 的优先权分为 8 级，分别用 0-7 来表示，其中 0 为最高优先级，7 为最低优先级。在本论文中我们以这八个等级为基础，依据数据流连线所要求传输服务质量的不同分成三类：

（1）优先等级 0、1：该类别的数据流优先级最高，是具有优先使用网络资源的传输等级。当该类数据流在网络中建立连接，网络带宽资源被低优先权的数据流预留而造成带宽不足时，此类传输等级不理会低优先权数据流是否能够保证服务质量，将直接抢占其带宽。并且 0 级与 1 级等同，即当网络带宽不足时，0级不能够抢占 1 级的网络带宽。

（2）优先等级 2～5：该类别的数据流也具有较高的传输等级，当网络带宽不足时，将抢占低优先权数据流的预留带宽。与第一类不同，该类高一级的数据流可以抢占本类低级的数据流带宽资源，即当网络带宽不足时，2 级可以抢占 3、4 或 5 级的网络带宽。

（3）优先等级 6、7：该类别的数据流优先权最低，以尽力而为方式（Best Effort）进行传输，当网络带宽不足时，第一、二类数据流可以立即抢占该类别数据流所占有的带宽资源。

对于以上分类，优先等级为 0、1 的数据流可以抢占优先级 2～7 的数据流所占用的带宽，而第二类数据流同第一类的差别在于，其可以抢占自己组内的其他优先级低于自己的数据流所占用的带宽资源。如优先级为 4 的数据流可以抢占优先级 5～7 的带宽资源。而第三类数据流不具有抢占资源的能力，一旦其他两类数据流无法达到要求，则该类立即放弃自己所占有的带宽资源。从上述分析中可以看出，除第一类强势数据流之外，其优先级越高，服务质量越能够得到保障。

根据 TPN 机制等级的定义，当网络管理者在使用优先等级进行网络资源分配时，将能够更加有效快捷地进行工作。对于一些要求绝对服务质量的数据流来说，其吞吐率、丢包率必须在所要求之内，无法降低传输速率，因此我们以优先级 0、1 来定义其服务等级，当网络拥塞较为严重时，无须顾虑其他数据传输，直接抢占一切可用资源来保证自己的服务质量。对于其他不要求绝对服务质量的数据流，我们可以根据其具体情况，以优先级 2、3、4、5 来定义。这样一旦无法保证吞吐率，可以通过抢占其他带宽资源来达到要求，当整个路径中不存在可抢占资源时，该类连线可以降低自己的传输速率。

在封包进入 MPLS 网络中进行交换传输时，主要查看 MPLS 标签相应字段的设置来决定下一步的动作。因此对于如何在 MPLS 域中读取传输等级，我们可以采用 MPLS 标签的实验字段 Exp（3bits），读取比较方便也不会造成系统负担；也可以采用新增加标签的形式传递传输等级信息，新增加标签的方法虽然在系统设计上比较清晰，但随着数据封包的增多，新标签会快速膨胀，引起不必要的流量负担。综合两方面的考虑，我们采用 Exp 字段作为分类的依据。

8.5　TPN 机制工作原理

在进行说明 TPN 工作流程之前，需要进行以下声明：对于进入具有 TPN 功能的 MPLS 网络中的每一条数据流来说，其所属的优先级都由网络资源管理者统一分配。在本文中，我们并不涉及其管理及分配策略。

8.5.1　TPN 工作流程

通过对出入口路由器节点添加一些必要的算法，及设计一些通知、回传报文来使得 MPLS 网络具有 TPN 功能。当网络陷入拥塞，带宽不足现象出现，引起某一数据流服务质量下降时，入口路由器与出口路由器之间将进行通知信息交换，并最终决定是否启动抢占机制。下面将对 TPN 的基本工作流程进行说明，图 8-6 为 TPN 机制抢占带宽工作流程图。

（1）当数据流到达 MPLS 网络时，对入口路由器发送通知报文，入口节点首先检查其标志位是否为 1，如果是，则将该数据流信息记录到 ELT 及 MMT 数据表中，并根据其服务优先级设定确定是否将该信息记录到 ELT 数据表中。在入口路由器设定好数据流的传输等级之后，会根据该数据流占用带宽的大小将其添加到 SLQT 表中。接着入口节点就会根据 FEC 规定的路径，以显示路由（Explicit Route）的方式，送出带有该数据流各种参数的标签请求信息（Label Request Message），出口路由器接收到该信息后就会发送对应信息，当对应信息到达入口路由器时，标签交换路径就建立完成，数据流将开始传输数据。如果标志位不为 1，则将其视为普通数据流，按照原本设定进行传输。

（2）当出口路由器将需要保证服务质量的数据流吞吐率发送回入口节点时，首先将其保存到 ELT 数据表中，接着会将其同目标速率相比，当其低于目标速率的 15%时，即会启动抢占机制。入口节点会判断此数据流的传输等级，如果属于第一类，则会无条件地抢占其他两类数据流所占有的带宽资源，直至满足要求为止，同时对被抢占数据流重新建立传输路径。

网络拥塞，检测到高
优先权数据流服务质
量无法保障，要求带
宽Request BW

检查优先级
classID>=5 —— 是 —→ Return，该数据流以
Best Effort方式传输

否

TPN（ClassID）

classID<lowerPRI —— 否 —→ 当前路径中没有可用带宽资
源，属于第一类则等待，第
二类则降低传输速率

是

Request BW < Total lowerPRI BW —— 否 —→ 抢占优先级为lowerPRI
的所有带宽资源

是

查询SLQT表，挑选一条
合适的带宽资源进行抢占

为lowerPRI的所有数据
流重新建立传输路径

对被抢占数据流重
新建立传输路径

更新SLQT表及
Request BW信息

更新lowerPRI值、SLQT
表及Request BW信息

Request BW>0 —— 是

否

一次抢占结束

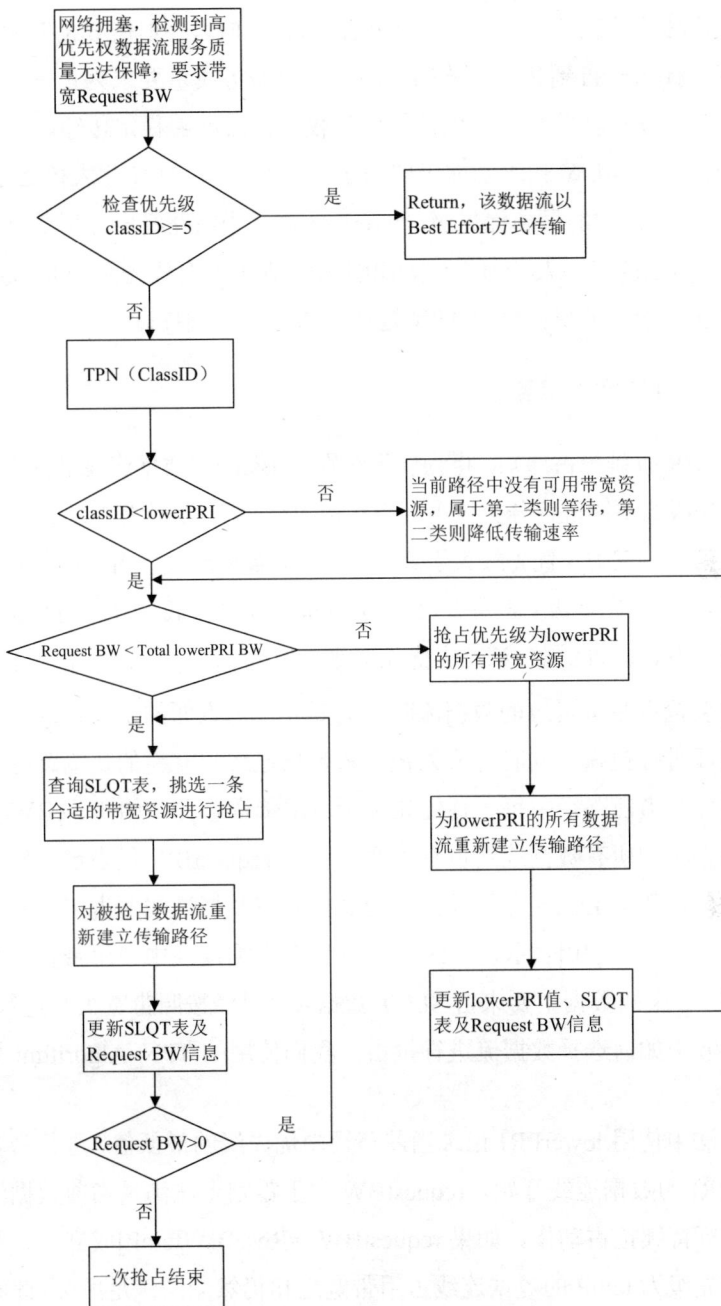

图 8-6　TPN 机制抢占带宽流程图

（3）当数据流属于第二类时，在启动抢占机制时，会根据 SLQT 中排序的带宽资源进行选择，一直到获得足够的资源，满足服务质量要求为止，并会对被抢占数据流重新建立传输路径，以保证低优先权数据流能够稳定传输。

上图中，Request BW 代表当前仍然需求的带宽资源；TPN 代表核心抢占过程；ClassID 表示可以抢占的最高优先级；lowerPRI 表示当前路径中注册数据流的最低优先级数值，范围为 2～7；Total lowerPRI BW 表示所有优先级为 lowerPRI 的数据流带宽总和。下一节我们将对 TPN 抢占算法进行详细探讨。

8.5.2　TPN 带宽保留算法

Ingress LSR 收到抢占通知，将为优先级别 ClassID 的数据连线进行带宽抢占工作，根据优先级的不同进行分类抢占。当 ClassID 是第一类优先等级（值为 0、1），则只能抢占第二、三类（优先级大于或等于 2）的数据连线所占有的带宽资源；当 ClassID 是第二类优先等级（值为 2～5），可以抢占优先权低于自己的数据连线所占用带宽资源；当 ClassID 属于第三类优先等级（值为 6、7），不进行任何动作。

当确定要抢占带宽资源的数据流时，需要完成两方面的工作：选择合理的若干条数据连线进行抢占，同时完成为被抢占数据连线建立新的传输路径。以数组 ReseBW 来保存当前路径中每一种优先级所占用带宽总和（如 ReseBW[2]为当前路径优先级为 2 的所有数据连线占有带宽之和），requestBW 代表当前仍然需求的带宽资源。假定数组 LEVp 存储优先级为 P 的所有数据连线所占用的带宽，并且以升序排列，则 LEVp[0]表示优先级为 P 的所有数据连线中占用带宽最小的数据流。其中 LEVp 中的数据主要来自 SLQT 数据表，已经按照带宽大小进行了排序。对于在 LEVp 中如何选择数据流进行抢占，我们使用的 TPN_Algorithm 算法如表 8-4 所示。

在该算法中使用 lowerPRI 记录当前路径中优先级的最低值，进行带宽抢占总是以 lowerPRI 的数据连线开始，requestBW 大于零则无法满足当前数据流所需的带宽，将进行持续抢占动作。如果 requestBW>=ReseBW[tempP]成立，说明当前路径中所有优先级为 tempP 的数据连线占用带宽之和仍然无法满足所需，此时算法将抢占所有该级别数据连线占有的资源，但在进行抢占之前必须为每一条数据连线重新建立传输路径，这里使用 create_new_LSP(L)完成重建工作，在完成抢占带宽之后，该路径中将不再包含优先等级低于或等于 temP 的数据流，通过对 lowerPRI 及 temP 更新使得当前最低优先级指向 temP-1。

如果 requestBW<ReseBW[temP]，说明优先级 temP 的带宽之和大于当前需求，只需要在级别 temP 中抢占若干条即可满足要求，此时如何合理选择抢占的数据连线是该算法的核心，尽可能将抢占数据连线的数目降至最小，减少对传输路径的影响，这将使得网络尽可能快地达到稳定状态。在进行选择数据连线时，使用了过程 binary(LEVp,requestBW)，采用二分查找算法能够更为有效、快速地在数组 LEVp 中查找到与数值 requestBW 最为接近的数据连线索引值。之后对查找到的数据连线重新建立传输路径及抢占工作，过程 move(LEVp,i)主要完成重新调整数组排序，将数组 LEVp 中索引值为 i 的元素删除，并将索引值高于 i 的所有数组元素向前移动一位。

为了选择最为接近 requestBW 的数据连线，采用了二分查找算法，我们假定需要抢占优先级为 6 的数据连线带宽，当前路径中该等级的数据连线分别占有带宽 50、30、75 及 60Mb，当前需要保证服务质量的数据连线需求 125Mb 带宽，如果按照其建立顺序进行抢占则需要三条带宽资源（50、30、75），这不仅造成了带宽资源的浪费，同时需要抢占带宽数目较多，造成网络不稳定传输。在采用二分查找算法后，将首先抢占 75Mb 带宽资源，之后 requestBW 需求为 50Mb，将再次选择 50Mb 带宽资源。选择 75、50 两条带宽资源进行抢占，不仅使得抢占数目降至最少，同时也减轻了对网络的影响。由此看出，采用该算法在选择抢占资源时将会更加有效。

表 8-4：TPN 算法

```
if(classID<0 or classID>7) then
    return ERROR;
else if(classID<=1) then
    TPN(1);
else if(classID>=2 or classID<=5) then
    TPN(classID);
else
    return;
```

```
end if
```

TPN 过程：
```
TPN(int p)
    temP = lowerPRI;
    while(requestBW>0) do
        if(temP<=p) then
            break;
        end if
        if(requestBW>=ReseBW[temP]) then
            foreach L in LEVp
                create_new_LSP(L);
                requestBW = requestBW - ReseBW[temP];
            end foreach
            temP = temP-1;
            lowerPRI = temP;
        else
            while(requestBW>0) do
                i = binary(LEVp,requestBW);
                create_new_LSP(LEVp[i]);
                requestBW = requestBW - LEVp[i];
                move(LEVp,i);
            end while
        end if
    end while
end TPN
```

8.6　LSR 工作原理

在 MPLS 网络中，我们主要通过添加功能模块到入口、出口及核心路由器，使得该 MPLS 网络具备 TPN 机制。上述各节我们已经介绍了所需要添加的数据表、各种报文格式以及核心的抢占功能模块 TPN_Algorithm。本节将通过论述 LSR 新增功能模块，使得 MPLS 网络能够处理我们所提出的基于协调数据流抢占机制[10][11]。

我们将根据对 MPLS 网络路由器的划分方法来新增模块，主要分为：①Ingress
LSR 功能；②Core LSR 功能；③Egress LSR 功能。

8.6.1 Ingress LSR 工作模块

表 8-5 说明了入口路由器的新增功能算法。

表 8-5　入口路由器处理算法

```
void Ingress()
    for packet In Arrive Packet
        if (monitor_flag = 1)
            switch (packet)
                case throughput_back_packet:
                    if (ELT_IS_QoS(packet)=TRUE)
                        now_throughput_rate = read_back_rate(packet)
                        if (check_rate(rate,now_throughput_rate)=true)
                            timer_dead()
                            TPN_Algorithm(class_id)
                        end if
                    end if
                    break
                case ACK:
                    do_generally_work();
                    break
                default:
                    if (ELT_IS_QoS(packet)=TRUE)
                        if (packet is first arrive)
                            insert_MMT_info(packet)
                            insert_SLQT_info(packet)
                        end if
                        set_monitor_flag(packet)
                        start_timer()
                    end if
        end if
    end for

    if (timer is over)
```

```
            timer_dead()
        end if
End Ingress

void timer_dead()
    end_timer()
update_SLQT_MMT()
    update_throughput_rate_ELT(flow_id,lsp_id,now_throughput_rate)
end timer_dead
```

当有封包到达入口路由器节点时，将根据其标志位进行判断该封包的处理是否启用 TPN 功能，如果标志位不为 1，则不会启用新添加的 TPN 功能模块；当标志位是 1 时，则进一步判断该封包的所属类型，如果是 ACK 封包，则根据 MPLS 原始定义的动作进行处理。如果是回传吞吐率封包，则会在 ELT 数据表中查询该封包是否要求保证服务质量，如果要求 QoS，则从其报文中读取此时计算出的实时吞吐率，接着将其值与 ELT 表中的目标速率进行对比，决定是否启用抢占机制 TPN_Algorithm。如果是发送的数据封包，仍然在 ELT 数据表中查询该封包注册的信息是否要求服务质量，如果要求 QoS 并且是第一次传输数据，则会在 MMT 表中进行注册，接着将按照该数据流占用的带宽大小，将其信息插入到 SLQT 顺序表中，最后设定标志位并启动监测时间。

对上述算法中使用到的功能函数进行如下说明：

- ELT_IS_QoS()：在 ELT 查询当前封包是否要求保证服务质量，如果要求则返回 TRUE。

- read_back_rate()：从回传吞吐率封包中读取出口路由器节点计算出的实时吞吐率数据。

- check_rate()：判断实时吞吐率是否已下降到无法接受的程度，本系统中设定下降到目标速率的 15%为临界点。如果达到临界点则返回真，通知系统启动主抢占机制。

- timer_dead()：终止计时器，并更新 ELT 数据表，将此时计算出的吞吐率保存到 ELT 数据表中相对应的位置。

- TPN_Algorithm()：4.4.2 节中定义的 TPN 抢占算法。

- do_generally_work()：调用原始 MPLS 处理方法。

- insert_MMT_info()：将封包信息添加到 MMT 数据表中。

- insert_SLQT_info()：按照带宽大小将封包信息添加到 SLQT 表中。

- set_monitor_flag()：将数据封包的标志位设定为 1。

- update_SLQT_MMT()：更新 SLQT 及 MMT 数据表。

- update_throughtput_rate()：将此时的吞吐率保存到 ELT 数据表中。

8.6.2　Core LSR 工作模块

表 8-6 说明了核心路由器的新增功能算法。

表 8-6　核心路由器处理算法

```
void Core()
    for packet In Arrive Packet
        if (packet is MPLS_Node)
            if (it_has_a_new_bw_lsp(packet)=TRUE)
                using_new_bw_lsp(packet)
            else
                using_generaly_bw_lsp(packet)
            end if
        else if (packet is request bw message)
            if(it_has_create_bw_resv(packet)=TRUE)
                add_new_bw_to_resv()
            else
                create_new_bw_resv()
            end if
        end if
    end for
end Core
```

当封包到达核心路由器节点时，我们需要添加一些新的功能模块，使其能够实现根据要求保留带宽资源，并让封包能够利用已保留的带宽进行传输数据。此外核心路由器不执行其他动作，只负责转发工作。

对上述算法中使用到的功能函数进行如下说明：

- it_has_a_new_bw_lsp()：检查 MPLS 封包是否具有新的保留带宽可以使

用，当存在新带宽时，返回 TRUE。

- using_new_bw_lsp()：当该封包具有新的带宽可用时，该函数完成使用新的传输路径进行封包传输。
- using_generaly_bw_lsp()：该函数完成封包按原始传输路径传递的工作。
- it_has_create_bw_resv()：当封包是抢占通知报文时，检查该数据流是否已经建立了新的保留带宽集合，如果已建立则返回 TRUE。
- add_new_bw_to_resv()：当已建立保留带宽集合时，将新的保留带宽添加到原始集合中。
- create_new_bw_resv()：如果没有创建保留带宽集合，则创建新的保留集合。

8.6.3　Egress LSR 工作模块

表 8-7 说明了核心路由器的新增功能算法。

表 8-7　出口路由器处理算法

```
void Egress()
    for packet In Arrive Packet
        if (monitor_flag=1)
            switch (packet)
                case throughput_back_packet:
                    if (ELT_is_exist(packet)=TRUE)
                        now_throughput_rate = calculate_throughput_rate(packet)
                        if (is_back=TRUE)
                            fill_throughput_back_packet(packet,now_throughput_rate)
                        end if
                    end if
                    break
                case ACK:
                    do_generally_work()
                    break
                default:
                    if (ELT_is_exist(packet)=TRUE)
                        monitor_this_packet_rate(packet)
                    end if
```

```
        end if
    end for

    if (timer is over)
        update_ELT()
        is_back=TRUE
    end if
end Egress
```

当有封包到达出口路由器节点时，根据其标志位判断对该封包的处理是否启用 TPN 功能，如果标志位不为 1，则不会启用新添加的 TPN 功能模块。当标志位是 1 时，则进一步判断该封包的所属类型，如果是 ACK 封包，则根据 MPLS 原始定义的动作进行处理。如果是回传吞吐率封包，会在 ELT 表中检查是否存在该封包信息，如果存在则计算当前吞吐率，当回传标志为真时，则将计算出的吞吐率填充到回传封包中。如果是发送封包，并且在 ELT 表中有该封包信息，则对其吞吐率变化进行监测。

对上述算法中使用到的功能函数进行如下说明：

- ELT_is_exist()：检查当前封包是否注册到 ELT 表中，如果是则返回 TRUE。
- calculate_throughput_rate()：计算当前封包的吞吐率。
- fill_throughput_back_packet()：当吞吐率填充到当前回传封包中。
- do_generally_work()：调用原始 MPLS 处理方法。
- monitor_this_packet_rate()：当该封包有服务质量要求时，则对其进行吞吐率实时监测。
- update_ELT()：更新 ELT 数据表中的信息。

8.7 仿真实验与结果分析

8.7.1 仿真软件

对于如何验证网络协议的正确性和进行相关性能测试，人们在经过多种方法的试验之后，目前广泛采用的是通过在计算机上建立一个虚拟的网络平台，来实现对真实网络环境的模拟。NS2[13-14]是目前较为流行的网络模拟软件之一，已被科研单位和各大高校广泛用于网络分析、研究和教学。它支持众多协议，提供强大的测试脚本。

NS2 构建库的主要层次结构如图 8-7 所示。

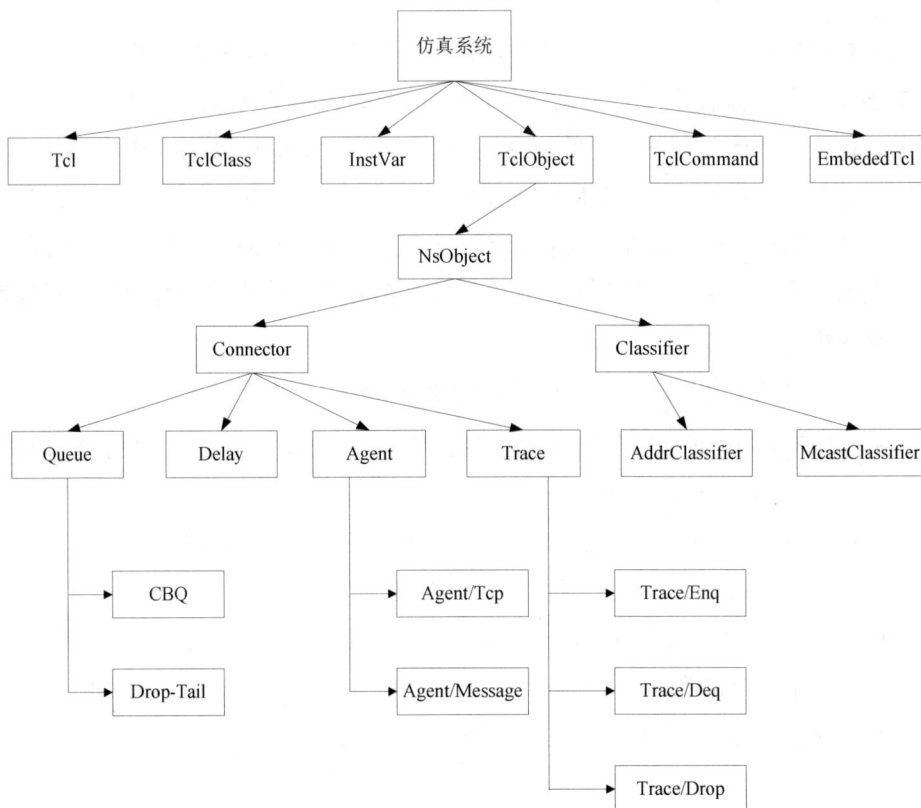

图 8-7 NS2 层次结构图

对上图中几个主要类进行如下说明：

- Tcl 类：封装了 OTcl 解释器实例，向外提供方法来访问解释器。其处理过程为：①获得 Tcl 实例的一个引用；②通过解释器激活 OTcl 过程；③返回结果；④报告错误状态；⑤存储和查找 Tcl 对象。

- TclClass 类：把用户通过类 TclObject 在解释器中建立的类结构映射到 ns 编译类结构，提供方法来实例化新的对象。

- InstVar 类：定义了一些方法和机制，在编译类结构对象的成员变量和对应的解释类结构对象的成员变量之间建立映射，使两类变量一致共享。

- TclObject 类：它是两种类结构中大多数类的基类。

- TclCommand 类：提供一种机制，使 NS 内核向解释器输出简单的命令。

- EmbededTcl 类：允许用户以编译代码或解释代码来扩展 NS 功能。

8.7.2 具有 TPN 功能的 NS 扩展

为了使原始的 MPLS 功能模块能够支持本论文提出的 TPN 机制，需要对其进行一些适当的修改[15-17]。其主要包括两方面，一方面是对原有的组件进行修改；另一方面是对原有组件的扩展，通过新增模块使它能够处理 TPN 机制。

图 8-8 表示封包进入 MPLS 网络边缘路由器节点时的处理过程，在这里使用网络图与流程图混合的方法进行表示，便于说明其处理方式。其中实线箭头表示原始的处理机制，当封包到达边缘路由器节点时，会由 Classifier 类进行处理，接着由 MPLSClassfier 类对该封包进行判别工作。如果是 MPLS 封包，则会对其添加标签，同时还会对其所属类别进行处理，主要是针对带宽预留、保证服务质量等，之后送出封包，进入转发阶段；如果是普通封包，则直接进行封包转发工作。

为了实现 TPN 机制，需要添加一个检测及测量吞吐率的过程，其位置是在 MPLSClassifier 判断封包类型与进入传输队列之间，图 8-8 中以虚线箭头表示添加的过程。在 MPLSClassifier 类进行判断封包类型时，会同时检查其标志位是否为 1。如果为 0，则会在 ITB 数据表中进行查询，当确定该封包需要进行监测时，会将其标志位置为 1；如果为 1，则需要判断该封包类型，当其为回传吞吐率封包时，读取此时的吞吐率数据，并将其存储到 ELT 数据表中。

通过设定 Timer（计时器）来控制回传吞吐率封包，当 Timer 时间结束时，即开始计算这一时间间隔中当前封包的吞吐率，并根据回传标志进行填充回传封包进行传递。另一个计时器主要用来控制更新 ITB 及 ELT 数据表的工作，当 Timer 结束时，即开始根据当前封包中的信息更新 ELT 及 ITB 数据表，主要是吞吐率方面的记录情况。

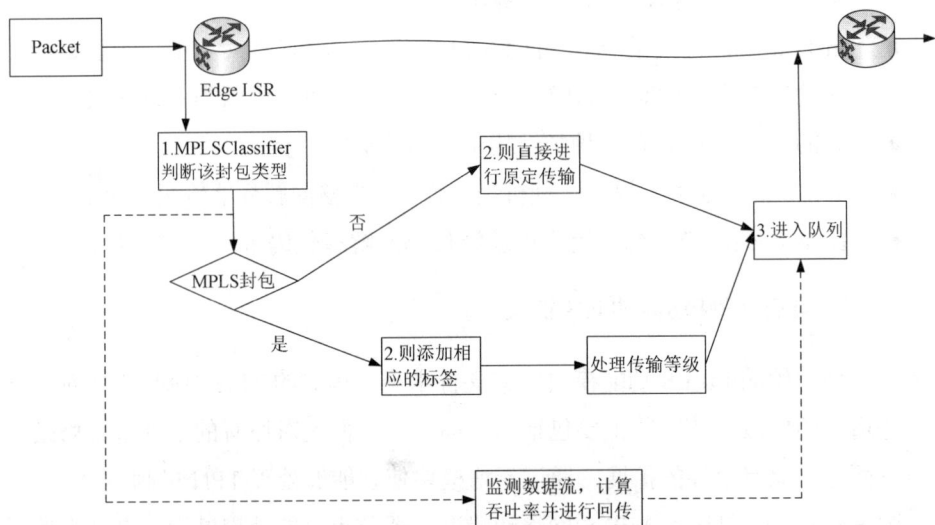

图 8-8　封包处理过程

1. 修改 MPLS 模块

在本节主要介绍为了支持的 TPN 机制，所进行修改的 MPLS 模块。以下是修改的主要模块部分：

（1）对 MPLS 节点的修改。NS2 软件中，对某一协议节点的命令大多是通过设定节点时进行指定的。对于 MPLS 的命令设置同样是通过 MPLS Node 进行的设定，之后这些命令会由 MPLS 模块内核部分执行。因此我们对 MPLS Node 的主要参数进行修改，使得该节点能够理解并正确执行我们新增的指令。

（2）对 Classifier 类的修改。对该类的修改主要是为了在判断封包类型的同时，使得在接下来的监测处理过程中，该类能够获取我们存储的各种信息，如吞吐率、数据流编号等。

（3）在封包传递过程中，其类别信息主要依靠 Exp 字段进行传输，为了让 LDP 等协议能够识别并判断该信息，我们对 LDP Agent 模块进行了修改，使得其能够为高优先权数据流预留带宽，并启用主抢占过程。

2. 新增模块

由于在 BPN 机制中新增了一些通知报文,因此必须对 MPLS 增加一些新的模块,使其能够承载新的报文。主要新增部分如下:

(1)新增数据流通知报文类。在 MPLS 的 Agent 类中新添加一个数据流通知代理类。当某一数据流要求保障 QoS 时,会对入口路由器发送通知报文,当数据流通知代理类接收到该通知报文时,会对其进行处理。该类不参与原本 MPLS 代理类的处理过程,其功能是独立的。

(2)新增协调数据流抢占模块。该模块主要添加到 Classifier Addr 类中,我们的主抢占机制过程就是添加到这一部分,同时为了完成 TPN 机制的运行,我们也将 ELT、MMT 及 SLQT 数据表添加到这里。当监测到高优先权数据流服务质量无法得到保障时,则会发出抢占通知,此时协调数据流抢占模块即可启动 TPN_Algorithm 过程。

(3)新增监测回传模块。当封包进入分类器并进行判别其所属类型时,我们加入了监测回传模块。监测模块主要是进行标志位的设定,当检查到其值是 1 时,则会对该封包进行一系列的处理,如添加该信息到各个数据表等。而回传功能主要是在出口路由器节点计算此时数据流的吞吐率,当决定回传时,将该信息填充到回传分包并传递给入口路由器节点,判断启动机制则由入口节点完成。

上面三点是 TPN 机制最为核心的模块,因此进行了必要的说明,而对于一些其他功能模块(如通知模块)及辅助对象的添加,这里就不再赘述。

8.7.3 仿真与分析

在对 MPLS 模块进行修改和添加必要的功能模块之后,此时已经能够完全支持本文提出的基于协调数据流抢占价值(TPN)。本节主要介绍针对 TPN 机制的网络模拟。

1. 实验拓扑结构

在模拟的过程中,我们采用改进的"鱼形问题"拓扑结构作为网络模型,如图8-9所示。每个LSR之间的带宽设定为2Mb/s,而节点2将作为Background Traffic发送端。在传输的过程中,对该网络建立了两条 LSP 路径,分别为 3-4-5-6

（LSP3000）及 3-7-8-9-6（LSP3001），当网络稳定传输时，由节点 0、1 发送的数据流均建立最短路径（LSP3000），当节点 2 发送数据时，连线 5-6 将成为瓶颈，引起网络拥塞，造成数据包丢失、吞吐率下降，此时 TPN 机制启动并对该网络进行调控。

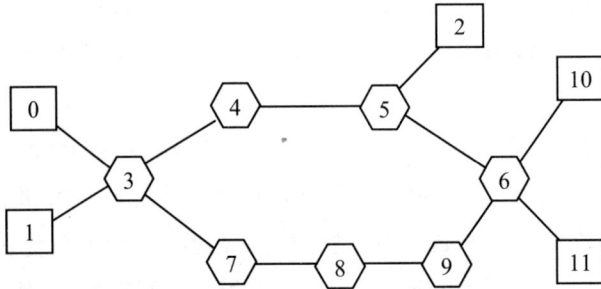

图 8-9　模拟网络拓扑结构

对于节点 0、1 所传送的数据流，一开始均建立了 LSP3000 的传输路径，而每个 LSR 之间我们设定的带宽为 2Mb/s，此时 LSP 有足够的带宽供我们传输数据，整个网络相对比较稳定。而节点 2 到节点 10 之间的连线（LSP5000）作为 Background Traffic，它的加入是我们考察整个网络在陷入拥塞时，能否自动地去调整网络传输路径，为高优先权抢占足够带宽，并且让较低优先权数据流转移到其他 LSP 上进行传输。LSP3001 主要作为备选路径，供试验所用。在该路径上，原有若干条数据流作为 Background Traffic。

表 8-8 所示为实验所用各个数据流及参数设定情况。

表 8-8　数据流参数设定

数据流 ID	目标传输速率	发送/接收节点	优先级	传输路径
Flow1	700kb/s	0/11	1	LSP3000
Flow2	500kb/s	1/10	4	LSP3000
Flow3	100kb/s	0/10	6	LSP3000
Flow4	400kb/s	1/10	6	LSP3000
Flow5	200kb/s	0/11	6	LSP3000

数据流 ID	目标传输速率	发送/接收节点	优先级	传输路径
Flow6	500kb/s	2/10	3	LSP5000
Flow7	1.7Mb/s	1/11	5	LSP3001

2. 对实验数据的分析

图 8-10 描述了随着网络陷入拥塞，并在 TPN 机制作用下网络中数据流 Throughput 的变化情况。优先级为 1、4 的数据流 Flow1 和 Flow4 先后建立，此时网络状况良好，二者都能够以目标速率进行传输。之后三条优先级为 6 的数据连线先后建立，分别为 Flow3（目标速率 100kb/s）、Flow4（目标速率 400kb/s）、Flow5（目标速率 200kb/s），网络带宽仍然足够使用，因此这 5 条数据连线都能够以各自的目标传输速率进行数据传输。

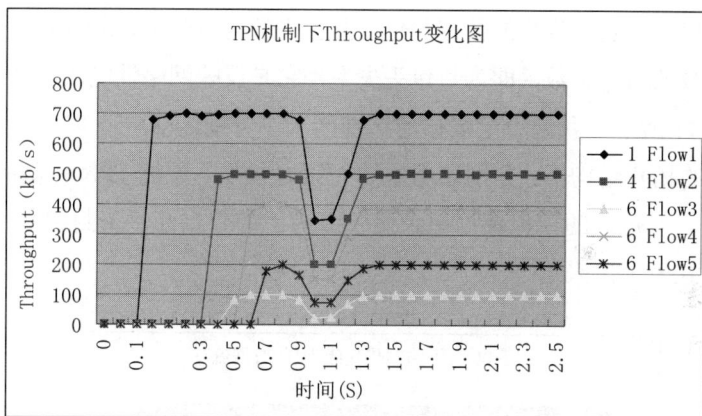

图 8-10　TPN 机制下各个数据流 Throughput 变化

在 0.8 秒时，节点 2 开始发送数据，使得原来 5 条数据流吞吐量急剧下降，网络陷入拥塞，随后 Ingress LSR 收到通知信息，将首先为优先级为 1 的 Flow1 进行带宽抢占，TPN 机制检测到优先级为 6 的数据流共有三条，采用二分查找法选择了 Flow4 进行抢占，为 Flow4 重新建立了传输路径 3001，由于 3001 路径原有的数据流，Flow4 的传输速率只是稳定在 380kb/s 左右进行传输，Flow4 释放其带宽之后，为 Flow1 进行带宽保留动作。因此在 1.3 秒时，Flow1 恢复到目标传输速率，此时网络重新恢复稳定，因此 Flow2、Flow3、Flow5 也能够以稳定的速率进行传输。

从图 8-10 中可以看出，TPN 机制没有按照数据流建立顺序进行抢占（顺序抢占则抢占 Flow3 之后，仍然需要再次抢占 Flow4），而是选择了最为合理的 Flow4 进行抢占，减少了对网络的影响，并降低了由于抢占而耗费的时间。

接下来，我们将在原始 MPLS 模块和增加 TPN 机制后的 MPLS 模块下同时模拟相同网络环境（即上述设定的环境），进行封包丢失率（Packet Loss Rate）的分析和考察，并通过改变缓冲区（Buffer Size）大小来比较两种网络中丢失率的变化情况。

在我们的模拟环境中，在一条数据流建立传输时，对于每一条数据流的传输速率是由 CBR 方式传输，并且在数据连线建立时，其传输时间已经确定。因此当该数据流建立传输路径并进行传输时，会有多少个数据封包到达接收端已经确定。而在接收端可以记录实际收到的数据封包以及丢失的封包数目，我们用丢失的封包数目除以应接收的封包总数，即为封包丢失率，它是反映网络性能的一个重要指标。

如图 8-11 所示，我们设定数据流缓冲区大小分别为 2、5、8、11 个封包，在图 8-9 所示的拓扑结构下，分别使用原始 MPLS 模块、添加 TPN 机制的 MPLS 模块模拟 4 次，对每次的模拟数据记录优先级为 1 的数据流丢失封包数目，并将其用图示的方式表示出来。

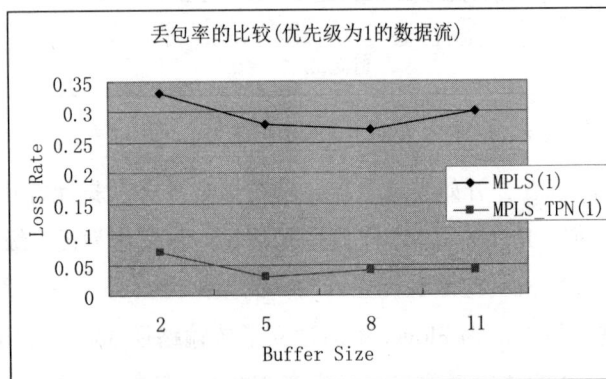

图 8-11　优先级为 1 的丢包率比较

从上图可以直观地看出，添加 TPN 机制后的丢包率要远远小于原始 MPLS 网络。这个结果的主要原因是当网络陷入拥塞时，原始 MPLS 网络中优先级为 1 的数据流 Flow1 传输速率有所下降，丢包个数增多，而其他数据流既不会在短时间内结束传输，也不会主动让出带宽资源，因此其丢包率一直较高。而具有 TPN 机制的 MPLS 网络中，在网络传输陷入拥塞时，虽然其目标传输速率会在一段时间内有较为明显的下降，引起封包丢失数目增多，但同时 TPN 会为 Flow1 抢占其他较低优先权数据流的带宽，以便保证该数据流的服务质量，因此在其获得足够带宽时，其传输速率再次达到目标，封包丢失数目减少，故其丢包率一直处于较低的水平，接近零的水平。

同时我们再观察数据流 Flow2、Flow3、Flow5 的丢包率情况，其结果表明添加 TPN 机制后的效果同样要远远好于原始的 MPLS 网络效果。因此从这一方面可以表明，我们提出的 TPN 机制能够很好地完成这一方面的工作。下面我们将继续考察 Flow4 的丢包率情况，由于 Flow4 的带宽资源被 Flow1 所抢占，重新建立了传输路径 LSP3001，因此其情况同上述几种数据流有着明显的不同。

如图 8-12 所示，我们同样设定数据流缓冲区大小分别为 2、5、8、11 个封包，在图 8-9 所示的拓扑结构下，分别使用原始 MPLS 模块、添加 TPN 机制的 MPLS 模块模拟 4 次，对每次的模拟数据记录数据流 Flow4 的丢失封包数目，并将其用图示的方式表示出来。

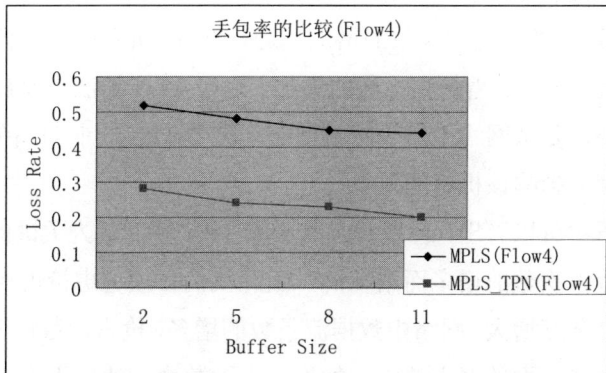

图 8-12　Flow4 的丢包率比较

从上图中可以看出，当在原始 MPLS 机制中，由于网络陷入拥塞，带宽资源不够，数据流 Flow4 的传输速率下降，丢包数目增多，同样由于该机制没有补救措施，因此其带宽资源将维持不足现象，该数据流丢包率一直在 50%左右，服务质量较差。而在添加了 TPN 功能的 MPLS 机制中，由于刚开始网络同样陷入拥塞，Flow4 传输速率下降，引起丢包率增大，接着启动抢占机制，并最终选择该数据流进行了带宽抢占，并将 Flow4 重新转移到 LSP3001 上进行传输，由于 LSP3001 原始数据流已经占用了大部分带宽，它的传输速率一直无法达到目标要求，因此 Flow4 的丢包率处于中等位置，大约维持在 25%左右，根据其优先级属性（6），我们认为其性能在可以接受的范围内。

3. 对 TPN 机制性能的分析

通过对模拟数据的分析可知，本文提出的 TPN 机制在一定程度上很好地解决了保证高优先权数据流服务质量的问题，同时对陷入拥塞的网络有一定的缓解作用。下面我们将通过一些数据的度量，去分析添加 TPN 机制后消耗的系统资源。

TPN 机制在运行过程中，所耗费的时间是衡量整个机制价值的关键参数之一，在表示抢占过程中的耗费时间时，我们采用如下公式：

$$wasteTime = \frac{C_{bad\_TPN}}{CPU\_Clock\_Speed}$$

其中 C_{bad_TPN} 代表 TPN 机制在最差情况下的计算次数，CPU_Clock_Speed 代表进行模拟计算机的 CPU 内核工作的时钟频率。

图 8-13 描述了随着抢占次数的增加，运行 TPN 机制所需要耗费时间的变化图。从图中可以看出，随着抢占次数的增加，运行 TPN 算法需要耗费的时间呈增加的趋势。如果在复杂网络中发生网络拥塞，需要 TPN 机制抢占的次数非常大，则会在一定程度上影响该机制的效率。

从上述分析中可以看出，耗费时间是影响 TPN 性能最为关键的一个指标，由于耗时是随着抢占次数的增多而增多的，因此我们必须考虑抢占次数这个指标。如果随着网络复杂度增大、网络中数据流条数的增多，抢占次数快速增大，则 TPN 机制就会存在性能方面的严重缺陷，如果抢占次数增大速度不大或次数稳定，则耗时影响 TPN 性能的程度不会太大。

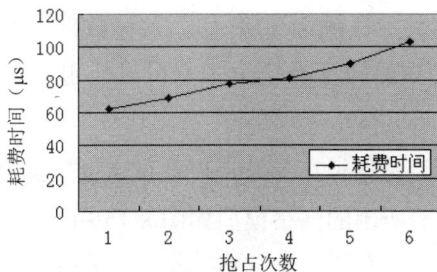

图 8-13　抢占次数增大耗费时间变化

图 8-14 描述了随着网络中数据流条数的增加，当网络发生拥塞，TPN 机制进行抢占次数的变化图。从图中可以看出，随着网络中数据流条数的增加，抢占次数虽然也存在抖动，但其平均抢占次数稳定在 2 左右。因此当该机制应用于现实网络，虽然 TPN 机制会耗费一定的时间，但其总体抢占次数并不大，该机制能够调控传输中的数据流并保证高优先权数据流的服务质量等特性，这是非常重要的。

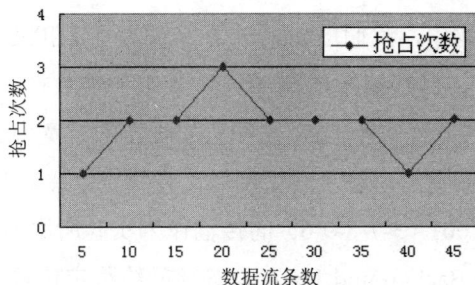

图 8-14　数据流增多抢占次数变化

从上述模拟结果中可以看出，TPN 机制能够很好地进行带宽抢占及预留工作，在很大程度上保证了数据流的传输速率，起到了稳定网络状态的作用。上述模拟过程中，网络中的数据流都是随机产生的，在实际情况中，其数据流更加多样化，并且各种优先级的数据流也更加分散，这将使得发生抢占时，其平均抢占次数将更有规律地进行收敛，进一步消除 TPN 所耗费时间的影响。

1. 对转移数据流的仿真分析

从上一节的模拟分析中可以看出，TPN 机制能够很好地满足我们的要求。由于上次模拟中，对于转移数据流来说只有一条备选路径，因此其性能方面无法得到全面的结论。本文中在挑选 LSP 作为转移数据流的传输路径时，我们主要从两方面考虑：一是该路径上有空余带宽可以使用，二是按照其在路由表中的注册顺序。

下面我们主要重新设定模拟拓扑结构以及设定各数据流参数，进行转移数据流性能方面的分析。实验所用的网络模型如图 8-15 所示。

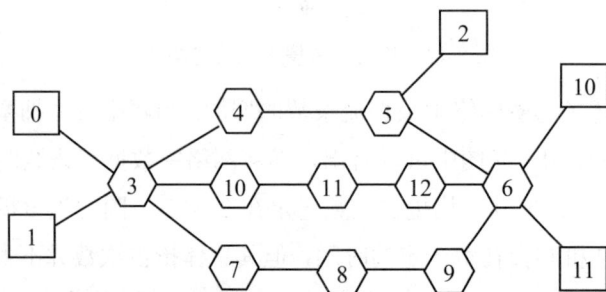

图 8-15　模拟最坏情况网络拓扑

在上图的拓扑结构中，我们增加了一条传输路径 LSP3002（3-10-11-12-6），作为转移数据流所用。已开始发送端 0、1 开始传输数据，均建立了 LSP3000（3-4-5-6）的传输路径，而每个 LSR 之间我们设定的带宽为 2Mb/s，此时 LSP 有足够的带宽供我们传输数据，整个网络相对比较稳定。接着我们从节点 1 开始发送数据，其建立 LSP3001（3-7-8-9-6）的传输作为实验所用的 Background Traffic，最后创建 LSP3002 的 Background Traffic。等该网络稳定传输一段时间之后，从节点 2 开始发送数据，建立 LSP5000（5-6）的传输路径，此时 5-6 成为网络传输的瓶颈，引起网络拥塞，启动 TPN 机制。我们通过实验来验证重新建立传输路径后的性能指标。

表 8-9 所示为实验所用各个数据流及参数设定情况。

表 8-9　数据流参数设定

数据流 ID	目标传输速率	发送/接收节点	优先级	传输路径
Flow1	800kb/s	0/14	1	LSP3000
Flow2	400kb/s	1/13	4	LSP3000
Flow3	150kb/s	0/13	6	LSP3000

数据流 ID	目标传输速率	发送/接收节点	优先级	传输路径
Flow4	300kb/s	1/13	6	LSP3000
Flow5	200kb/s	0/14	6	LSP3000
Flow6	600kb/s	2/13	3	LSP5000
Flow7	1.6Mb/s	1/14	无	LSP3001
Flow8	500kb/s	0/14	4	LSP3002

按照如上的设定进行模拟，并对结果进行分析。如图 8-16 所示描述了随着网络陷入拥塞，并在 TPN 机制作用下，网络中数据流 Throughput 的变化情况。优先级为 1、4 的数据流首先建立了 LSP3000 的传输，此时网络状况良好，二者都能够以目标速率进行传输。之后三条优先级为 6 的数据连线先后建立，分别为 Flow3（目标速率 150kb/s）、Flow4（目标速率 300kb/s）、Flow5（目标速率 200kb/s），网络带宽仍然足够使用，因此这 5 条数据连线都能够以各自的目标传输速率进行数据传输。

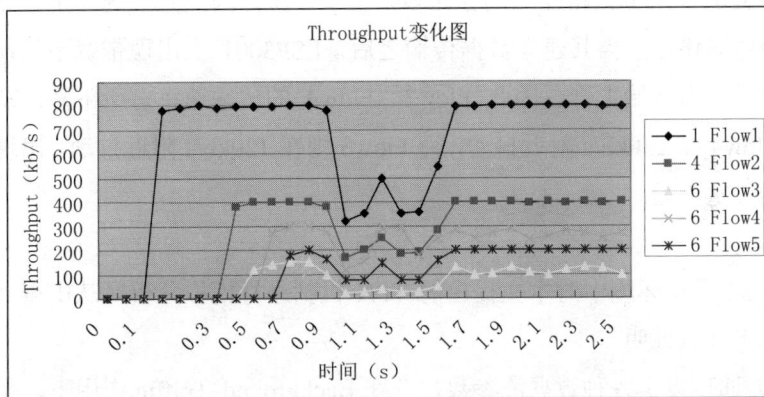

图 8-16   TPN 机制下各个数据流 Throughput 变化

在 0.8 秒时，节点 2 开始发送数据，使得原来 5 条数据流吞吐量急剧下降，网络陷入拥塞，随后 Ingress LSR 收到通知信息，将首先为优先级为 1 的 Flow1 进行带宽抢占，TPN 机制检测到优先级为 6 的数据流共有三条，采用二分查找法选择了 Flow4 进行抢占，为 Flow4 重新建立了传输路径 LSP3001，由于 LSP3001路径带宽充足，因此 Flow4 在该路径上可以按照目标速率进行传输。在移走 Flow4之后，LSP3000 带宽不足现象得到一定缓解，因此 Flow1 的传输速率有一定的回升，并且其他几条数据流的传输速率降低情况均得到了一定程度的缓解。

此时，由于 LSP3000 带宽仍然不足，因此在 1.2 秒左右，Flow1 的传输速率有一定程度的下降，将再次执行 TPN 抢占机制，在剩余的两条优先级为 6 的数据流 Flow3、Flow5 中挑选了最为合适的 Flow3 进行抢占，并为 Flow3 重新建立传输路径 LSP3001。此后，LSP3000 中带宽足够使用，因此在 1.5 秒左右，Flow1的传输速率开始上升，最后大约以目标速率（800kb/s）进行稳定传输，由于网络重新恢复稳定状态，数据流 Flow2、Flow5 也能够以目标速率进行数据传输。

现在我们来分析被转移走的两条数据流 Flow3、Flow4 的传输状态信息。在第一次抢占 Flow4 的带宽资源后，为 Flow4 创建了新的传输路径 LSP3001，此时LSP3001 中的带宽资源较为富足，因此 Flow4 重新建立传输时即可以目标速率进行传输。当再次抢占 Flow3 的带宽资源后，需要为 Flow3 创建新的路径，此时首选为 LSP3001，由于该路径上尚存在多余带宽资源，因此系统选择了该路径作为Flow3 的传输路径，当其建立数据传输之后，LSP3001 上出现带宽不足现象，各个数据流丢包率开始上升，因此 Flow3、Flow4 的传输速率有所下降，从图中可以看出 Flow4 在 280kb/s 附近抖动，而 Flow3 则在 120kb/s 附近抖动，出现抖动的原因就是带宽不足。

2. 总结

在 NS2 模拟环境中对本文提出的 TPN 机制进行模拟分析，从中得到的结论我们做以下几点说明：

（1）通过设定各种数据流参数，并在 Background Traffic 作用下，使网络陷入拥塞，以此环境验证 TPN 机制的有效性。通过分析我们可以看出，当第一类数据流的吞吐量下降到原有的 50%左右时，TPN 机制开始启动，并为其进行带宽抢占工作。在这次实验中，第一抢占选择了 Flow4，符合了我们的预期。希望能够通过最少次抢占完成网络恢复工作是我们研究的目标之一，这样可以减少对系统的影响，而 Flow4 正是最为合适的被抢占资源。在对 Flow4 重新建立传输路径后，由于原始路径中有足够的带宽资源，因此要求服务质量的第一类数据流吞吐量很快恢复到了目标速率，同时由于带宽不是很紧张，其他几条低优先权数据流的传输速率同时也恢复到了稳定传输水平。

（2）接着我们对在原始 MPLS 网络及具有 TPN 功能的 MPLS 机制下的丢包率情况进行了分析。通过对多种条件下的模拟数据进行分析，给出了同等条件下不同等级数据流的丢包率对比信息。从该图示信息中可以看出，采用 TPN 功能的 MPLS 中，属于第一类的丢包率要远远低于原始 MPLS 网络中的丢包率。而通过被抢占数据流的丢包率对比可以看出，在采用 TPN 功能的 MPLS 网络，其丢包率要稍高一些，但其效果仍然要比原始 MPLS 好。从对丢包率的考察中，可以看出 TPN 机制确实能够完成理论分析中要实现的功能。

（3）对 TPN 机制性能的分析。在该实验中，我们主要考察 TPN 机制对系统的影响及其所耗费的资源情况。通过实验我们发现，TPN 机制所耗费的时间与抢占次数成正比关系，随着抢占次数的增多，耗费的时间也越来越多，这在一定程度上会影响 TPN 的性能。同时对抢占次数进行统计分析，通过随机数据流的模拟，我们看出随着网络中数据流条数的增多，其抢占次数并没有大幅的上升，而是在 2 次附近进行抖动。因此我们有理由相信，在实际应用中，其平均抢占次数不会过大，这在很大程度上消除了 TPN 机制耗费时间的影响。

（4）最后我们设定了一种最坏的情况，让转移的数据流都选择同一条 LSP 建立传输。从该实验中可以看出，虽然原始路径中因抢占带宽资源而重新恢复稳定传输，但在新 LSP 中，数据流条数增多引起带宽不足，反而使得转移后的数据流传输率出现了小幅的抖动现象，如果转移路径中存在高优先权的数据流，将再次启动 TPN 机制。

8.8　本章小结

本章提出了一种基于一体化 MPLS 网络架构的协调数据流抢占机制，该方法对 MPLS 网络发生拥塞进行了合理的抢占带宽工作，很好地解决了保证数据流服务质量的问题，理论分析和仿真实验都证明了 TPN 机制具有很好的可行性和应用价值。与当前各种研究相比，TPN 具有如下特点：基于数据流的抢占机制能够很好地稳定网络环境；对数据流优先权进一步分类，将更加合理、更有针对性地保证不同类别数据流的服务质量；在进行抢占时，以减少抢占次数为出发点，减少了对网络环境的影响。

下一步将在路由器中实现 TPN 机制并进行实验，同时将考虑如何更加合理地为被抢占数据流重新建立传输路径。

参考文献：

[1]　Rosen E, Viswanathan A, Callon R. Multiprotocol Label Switching Architecture. RFC 3031[S]. Internet Engineering Task Force, January 2001.

[2]　Ooms D, Sales B. Overview of IP Multicast in a Multi-Protocol Label Switching (MPLS) Environment. RFC3353[S]. Internet Engineering Task Force, August 2002.

[3]　F.R.Dogar,Sarmad Abbasi,Young-Chon Kim.Connection Preemption in Multi-Class Network[C]. Global Telecommunications Conference, 2006. GLOBECOM '06. IEEE.

[4]　M.Peyravian and A.D.Kshemkalyani,Connection Preemption:Issues,Algorithms,and a Simulation Study[C].in Proceedings of Infocom,1997,pp.143-151.

[5]　Jim Guichard,CCIE #2069,F.L.Faucheur,J-P Vasseur.Definitive MPLS Network Designs[M]. Cisco Press.2007.01.

[6]　J.Sung-cok,R.T.Abler,and A.E.Goulart,The optimal Connection preemption algorithm in a multi-class network[C].in Procceddings of IEEE International Conference on Communications, 2002.

[7]　J.C.de Oliveira,C.Scoglio,I.F.Akyildiz,G.Uhl,A New Preemption Policy for DiffServ-Aware Traffic Engineering to Minimize Rerouting[C].IEEE INFOCOM 2002,June 2002,Volume:2, pp.695-704.

[8]　徐雷鸣，庞博，赵耀. NS 与网络模拟[M]. 北京：人民邮电出版社，2003.

[9]　NS2 模拟专题. http://140.116.72.80/~smallko.ns2/ns2.htm.

[10]　谢剑英，王颖. 一种基于蚁群算法的多媒体网络多播路由算法[J]. 上海交通大学学报，2002.

[11] 卢正鼎, 刘会明. 基于蚁群算法的理性自适应路由研究[J]. 计算机工程与科学, 2006.12.

[12] Gaeil Ahn, Woojik Chun. Overview of MPLS Network Simulator 1.0: Design and Implementation. MNS 1.0 Document. Department and Computer Engineering, Chungnam National University, Korea.

[13] Gaeil Ahn, Woojik Chun. Design and Implementation of MPLS Network Simulator 2.0. Department and Computer Engineering, Chungnam National University, Korea.

[14] David Culley, Chris Fuchs, Duncan Sharp. An Investigation of MPLS Traffic Engineering capability using CR-LDP. ENSC 833-3. 2001.3.

[15] 张宏科.IP 路由原理与技术[M].北京：清华大学出版社，2000.

[16] 张宏科.路由器原理与技术[M].北京：国防工业出版社，第二版，2005.

[17] 郑增威，吴朝晖，林怀忠，郑扣根.可靠传感网聚类路由算法研究[J].浙江大学学报（工学版），2005.

附录 A   并行交换系统仿真平台

PPS-CICQ-SIM 的设计

A.1   引言

在人们进行交换系统研究的过程中，为了对交换结构及其调度算法的性能进行评估，通常采用理论分析和仿真实验的方法对设计方案进行评测，但近年来随着网络技术的高速发展，路由交换系统变得非常复杂，仅从理论分析难以得到交换系统的真实性能，人们将更多的注意力转向了仿真实验。实践表明，对交换系统进行仿真验证来评估其性能是客观、有效的，并且更加直观，经过多年的研究[1-3]，人们已经设计实现了多种相关的仿真软件，比如在国内外都较为流行的 NS-II 和 OPNET，但这些软件在实际中主要是应用在对高层协议的仿真研究中，对交换系统的仿真功能比较单一，而且操作不便，另外这些仿真软件的开放性及扩展性都不是很好，不利于对新交换技术的仿真研究，为此我们开发了一个专门的、具有良好操作性、扩展性以及通用性的并行交换系统性能仿真平台 PPS-CICQ-SIM，体系结构如图 A-1 所示。

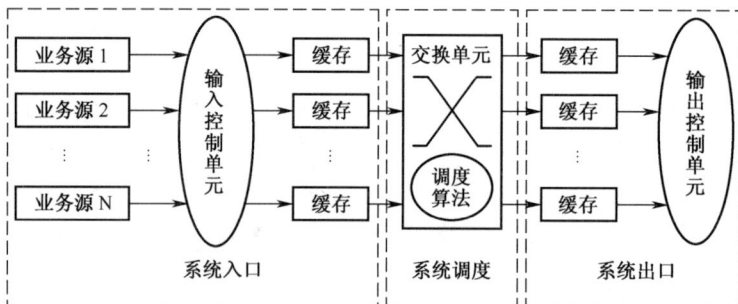

图 A-1   PPS-CICQ-SIM 体系结构图

仿真平台中包含的主要部分如图 A-2 所示。

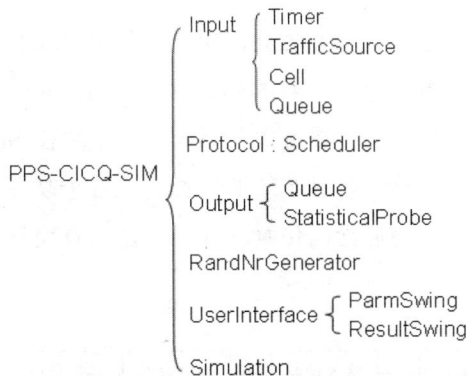

图 A-2 仿真平台中包含的主要部分

Input 是交换仿真系统的输入部分，InPut 为这一个部分的父类，属于交换系统输入部分的其他所有类均是其子类。TrafficSource 是其中的一个接口，它在仿真平台运行时被调用，用于模拟产生仿真系统的业务流量。

Protocol 是交换仿真系统的调度算法协议部分，Protocol 是这个部分的父类，与交换系统调度算法相关的所有类都是其子类，Scheduler 是该部分对外联系的接口，在仿真系统运行过程中实现信元在不同队列缓存间的转发。

Output 是仿真系统的输出部分，OutPut 是这个部分的父类。这一部分在整个仿真系统中的功能是负责将信元转发到外部输出链路，最后完成交换系统对信元的转发。

Simulation 是整个仿真系统中的控制中心，整个仿真系统功能的最终实现需要所有相关类的参与，所有这些类正是在 Simulation 类的统一调度协调下相互合作运行的。

RandNrGenerator 是交换仿真系统中用于生成随机数的类，为整个仿真系统提供重要的支持功能，整个仿真系统中，从业务流量的产生到信元的端口分布，再到调度算法的实现，有多个地方需要随机数生成类的支持。

UserInterface 是仿真系统与用户交互的部分，是系统提供给用户的外部接口部分，这一部分主要包括一些用于交互的接口类，正是这一部分的存在，才使得整个交换仿真系统具有了良好的交互性和可操作性，极大地为用户掌握仿真平台的应用提供了方便。

PPS-CICQ-SIM 各个模块相互独立，保证了整个系统具有良好的可扩展性和可维护性，系统启动后首先进行参数的初始化，Simulation 类中各个相关功能实现模块类也将随之实例化，之后系统中各不同功能模块在 Simulation 的统一调用控制下实现各自的功能，整个仿真系统的运行就是各个功能模块不断重复循环执行，直到仿真时间结束，最后给出仿真统计结果，仿真交换系统的运行流程图如A-3 所示。

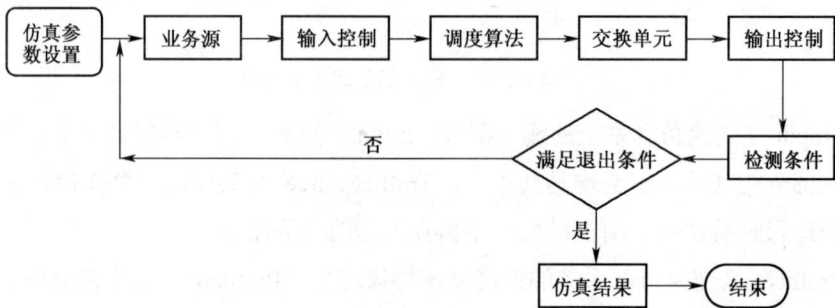

图 A-3　仿真系统运行流程图

A.2　并行交换系统仿真平台 PPS-CICQ-SIM 建模

建模就是对系统在某个级别层次上的抽象描述。建模也就是对现实系统的一种抽象描述方式，建模不仅能让我们对系统有更加深刻的理解，还能帮助我们从根本上建立起良好的系统结构。建模的过程包括对系统的理论分析和推导、文字或图形化描述系统功能以及系统如何实现相应功能。文字、图表、方程等是我们在建模过程中常用到的工具。

在本节将要建立的是并行交换系统仿真平台的模型，采用面向对象的方法进行分析、设计和实现，建立模型的重点是要先识别出系统中所包含的对象以及对象间的关系。并行交换系统仿真平台的开发过程分为分析、设计、实现和测试四个阶段。在分析阶段，识别出仿真系统中的基本对象，通过场景、场景视图和分析对象模型的建立对仿真平台进行功能性的描述；在设计阶段，建立起系统的动态模型，通过时序图定义系统功能的实现过程；在实现阶段，采用面向对象的语言实现系统功能；在测试阶段，进行仿真结果与理论分析结果的对比。

A.2.1　系统中的主要类及其相互关系

（1）系统中包含的主要的类。

1）Simulation

属性：

    SOURCE_TYPE
    TRAFFIC_TYPE_NUMBER
    RandNrGenerator
    nr_ports

方法：

    CellSlotClock ()
    GenerateCells ()
    RunAlgorithm ()
    PrintResults ()

功能：仿真类是仿真系统的核心类，该类被时钟类触发开始工作，调用其他的类对象实现相应的功能。在每个时隙的开始，仿真类首先调用业务源类产生信元，之后调用队列类存储信元，并运行相关的调度算法。

2）UserInterface

属性：

    SerialVersionUID
    WIDTH
    HEIGHT
    Frame
    Source Type
    Distribute Type

方法：

    ParmSwing ()
    ResultSwing ()

功能：用户接口类为用户提供可视化的交互界面，与仿真参数类结合，完成仿真系统参数的设置和传递功能。

3）SimulationParameter

属性：

  SOURCE_TYPE
  PORTDISTRIBUTE
  BUFFER_SIZE
  SEED
  MULTIPLIER
  TOTAL_TIME
  AVG_BURST_LENGTH
  AVG_LOAD
  NUM_PORTS
  BLANCEINDEX

方法：

  SimulationParameter ()
  SetParameters ()
  SetSourceType ()
  SetBernParameters ()
  SetOnOffParameters ()
  GetTypeOfSource ()
  UpdateSeed ()
  UpdateMultiplier ()
  CalculateMinAvgLength ()

功能：实现仿真参数的读取和传递功能。

4）TrafficSource

属性：

  AVG_LOAD
  AVG_LENGTH
  SWITCH_SIZE
  BLANCEINDEX

方法：

  TrafficSource ()
  SetTrafficParameters ()
  AvgLoad ()

AvgLength ()
BlanceIndex ()
SwitchSize ()

功能：是 Bernoulli 和 ON-OFF 两种业务流类的父类。

5）BernoulliSource

属性：

Rand
PROB_SUCCESS
nr_ports
Outputport

方法：

BernoulliSource ()
GenerateCell ()
SetBernParameters ()
OutUniFormPort ()
OutDiaginal ()
OutHotspot ()
CellPriority ()

功能：用于产生非突发业务流。

6）OnOffSource

属性：

TRAFFIC_STATES
Rand
PROB_ON_TO_ON
PROB_OFF_TO_OFF
LastOutputPort
nr_ports

方法：

OnOffSource ()
SetOnOffParameters ()
SwitchTrafficState ()
GenerateCell ()
OutUniFormPort ()
OutDiaginal ()
OutHotspot ()

       CellPriority ()

功能：用于产生突发业务流。

7）Cell 类

属性：

       arrival_time
       departure_time
       output_port
       input_port
       cell_Priority
       Middleplanenum
       方法：
       Cell ()

功能：用于产生信元，该类包含四个属性：输入端口、输出端口、到达时间和离开时间。前三个属性的值在信元产生时设置，第四个属性的值当信元离开系统时设置，通过到达时间和离开时间可以计算出信元的时延。

8）Queue

属性：

       LinkedList
       NrCellsDeparted
       NrCellsStored
       QueueLength
       NrCellsLost

方法：

       Queue ()
       StoreCell ()
       RemoveCell ()
       GetfirstCell ()
       CellArrivalTime ()
       CellElapsedTime ()
       GetQueueLength ()

功能：队列类用于存储信元，组成交换系统结构，队列由链表实现。当一个新的信元进入队列后，就有一个新的节点添加到队列。当一个信元离开队列，就从链表中删除一个节点。

9）Protocol

属性：

nr_ports
Rand

方法：

Protocol ()
CICQ_PPS_Run ()
LoadBlance ()
inputBuffer_To_crossBuffer ()
crossBuffer_To_Multiplexer ()
Multiplexer_To_OutputPort ()

功能：用于封装并行交换系统的调度算法，包括负载均衡、保序和中间交换平面调度算法。

10）StatisticalProbe

属性：

LostCellNumber
CurrentCellNumber
TotalNrCellsGenerated
TotalNrCellsRouted
MiddleSwitchPlaneNumber
TRAFFIC_TYPE_NUMBER

方法：

StatisticalProbe ()
UpdateTotalNrCellsGenerated ()
UpdateTotalNrCellsRouted ()
GetTotalNrCellsRouted ()
GetTotalNrCellsGenerated ()
CellLossRate ()
SwitchThroughput ()
LoadBalanceIndex ()
AvgCellDelay ()
AllocatedBandwidth ()

功能：统计类用于完成对交换结构性能指标的计算和统计功能，同时在每个仿真时隙更新产生及转发的信元数目等数据。

11）Timer

属性：

    CurrentSimulationTime
    TotalSimulationTime
    方法：
    SetSimulationTimes ()
    NewCellSlot ()
    CellSlotBegin ()
    UpdateCurrentSimulationTime ()
    SimulationTimeDone ()

功能：时钟类的主要作用是记录当前仿真时隙数，在每个时隙的开始向仿真器发送时钟信号，该信号触发仿真器开始一个新的工作周期。

12）RandNrGenerator

属性：

    LONG_MAX
    DefaultSeed
    Seed
    Multiplier

方法：

    RandNrGenerator ()
    SelectMultiplierType ()
    SetSeed ()
    SetDefaultSeed ()
    GetDefaultSeed ()
    GetUnif01 ()
    RandDiscUnifValue ()

功能：用于产生随机数。

（2）类及其关系图如图 A-4 所示。

A.2.2　系统对象模型

（1）并行交换系统 PPS-CICQ 场景建模。

面向对象分析的第一步通常是建立场景模型，这一步中主要是将系统中可能包含的场景寻找出来并为其建立模型。所谓场景，就是系统可能具有的活动，场景建模可以帮助我们更加清楚地理解系统的功能。场景模型可以采用文字或图表进行描述，每个场景包括场景名、所涉及的类、场景发生的前提条件、场景的基本事件等。

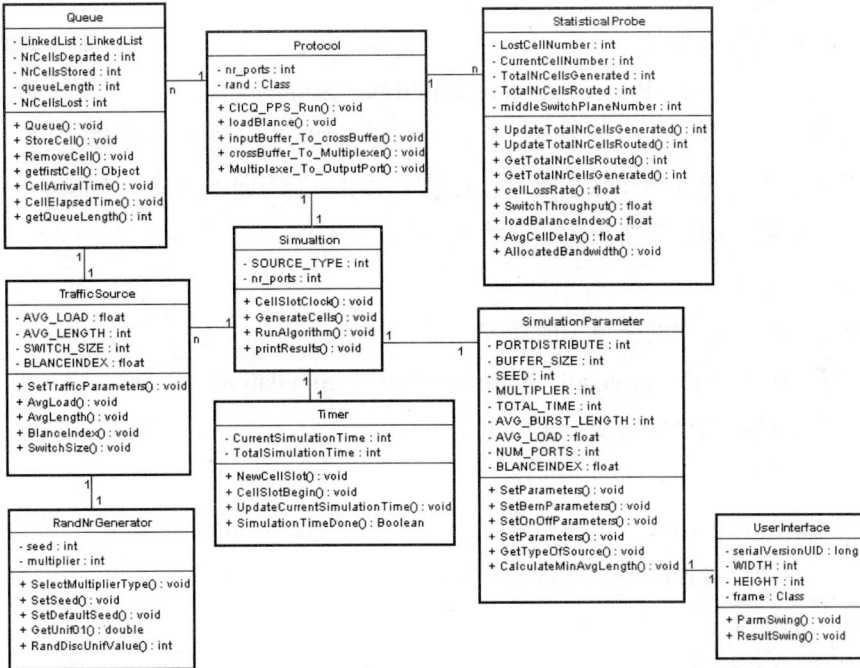

图 A-4　类及其关系图

- 场景 1

名字：仿真系统启动。

涉及类：Simulation、UserInterface。

前提条件：无。

基本事件：启动应用程序、用户设置参数、运行应用程序。

- 场景 2

名字：产生信元。

涉及类：TrafficSource、Queue、Timer、StatisticalProbe、RandNrGenerator、Simulation。

前提条件：一个新的时隙开始。

基本事件：时隙计数器触发并发送时钟信号至 Simulation、TrafficSource 产生信元、信元进入交换系统、更新相关统计数据。

- 场景 3

名字：负载均衡。

涉及类：Queue、Protocol、StatisticalProbe、Simulation。

前提条件：分路器中至少有一个信元与某个中间交换平面匹配成功。

基本事件：负载均衡算法执行、与某个中间交换平面匹配成功的信元进入相应的中间交换平面、更新相关统计数据。

- 场景 4

名字：信元经中间交换平面转发。

涉及类：Queue、Protocol、StatisticalProbe、Simulation。

前提条件：某个中间交换平面中至少有一个输入端缓存队列的信元被选中待转发。

基本事件：中间交换平面的调度算法执行、匹配成功的信元重输入端缓存队列进入到交叉点缓存队列、更新相关统计数据。

- 场景 5

名字：信元重组。

涉及类：Queue、Protocol、StatisticalProbe、Simulation。

前提条件：某个中间交换平面中至少有一个交叉点缓存队列的信元符合保序算法的要求被选中待转发。

基本事件：保序算法执行、信元进入合路器、更新相关统计数据。

- 场景 6

名字：信元离开系统。

涉及类：Queue、Protocol、StatisticalProbe、Simulation、UserInterface。

前提条件：某个合路器中至少有一个信元被选中待转发。

基本事件：支持 QoS 保障的调度算法执行、被选中服务的信元被发送到相应的输出链路、更新相关统计数据。

（2）并行交换系统 PPS-CICQ-SIM 分析对象模型图。

下面的 AOM（Analysis Object Model）图（图 A-5）中显示了仿真系统中的基本类对象及其之间的关系，图中的关系重数 n 代表 1 或多重，1 就代表 1 重，没有显示重数的默认为 1 重。

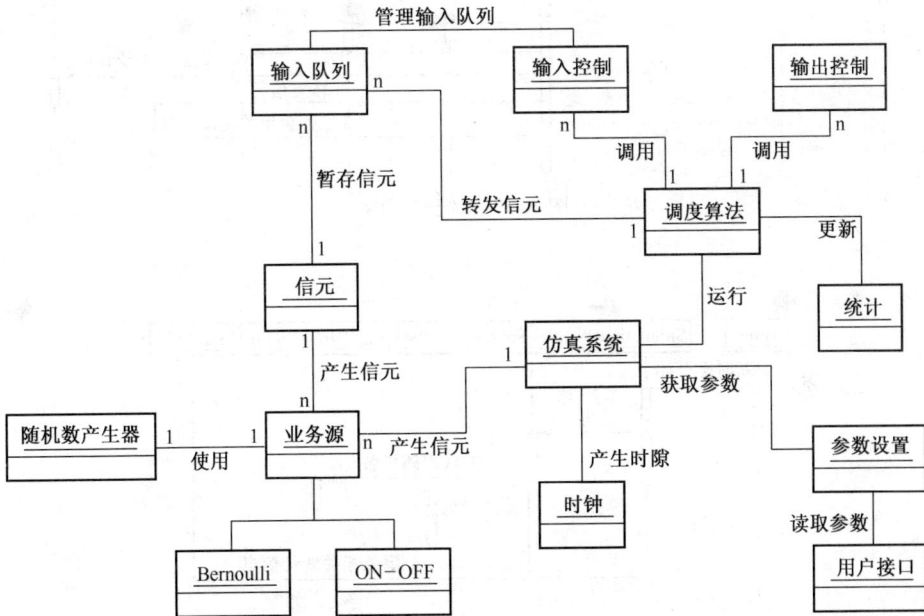

图 A-5 对象模型图

A.2.3 系统动态模型

对象时序图是动态的分析对象模型，在图中显示出对象间的信息传递以及对象间相互合作完成某一任务时需要进行的一些操作，图中的数字代表操作执行的顺序。时序图最终将被映射成面向对象语言的代码，并行交换系统 PPS-CICQ 中主要对象间的交互图如图 A-6～图 A-8。

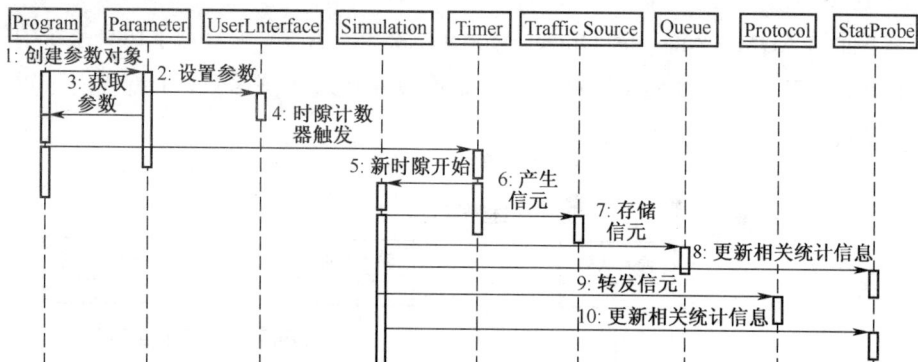

图 A-6　系统时序图

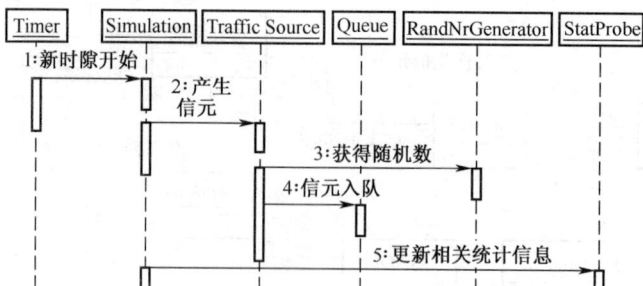

图 A-7　信元产生时序图

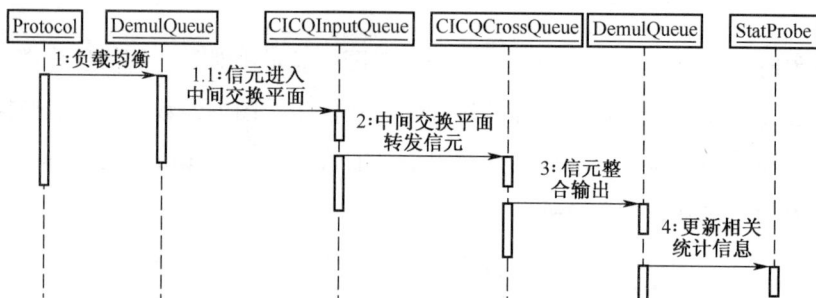

图 A-8　调度时序图

参考文献:

[1]   P. A. Fishwick, Simulation Model Design and Execution, Prentice Hall, Englewood Cliffs, New Jersey, 1995.

[2]   Fisher, J.A., "Object Oriented Simulation tools for Discrete-Continuos, Stochastic- Deterministic Simulation Models", Master Thesis, Oregon State University, Covalli, OR, 1992.

[3]   Rubens Carlos de Souza Gomes, B.S.Co.E., A simulation study of an input buffered ATM switch based on the RGS iterative scheduling algorithm, Master Thesis, University of Kansas, 1993.